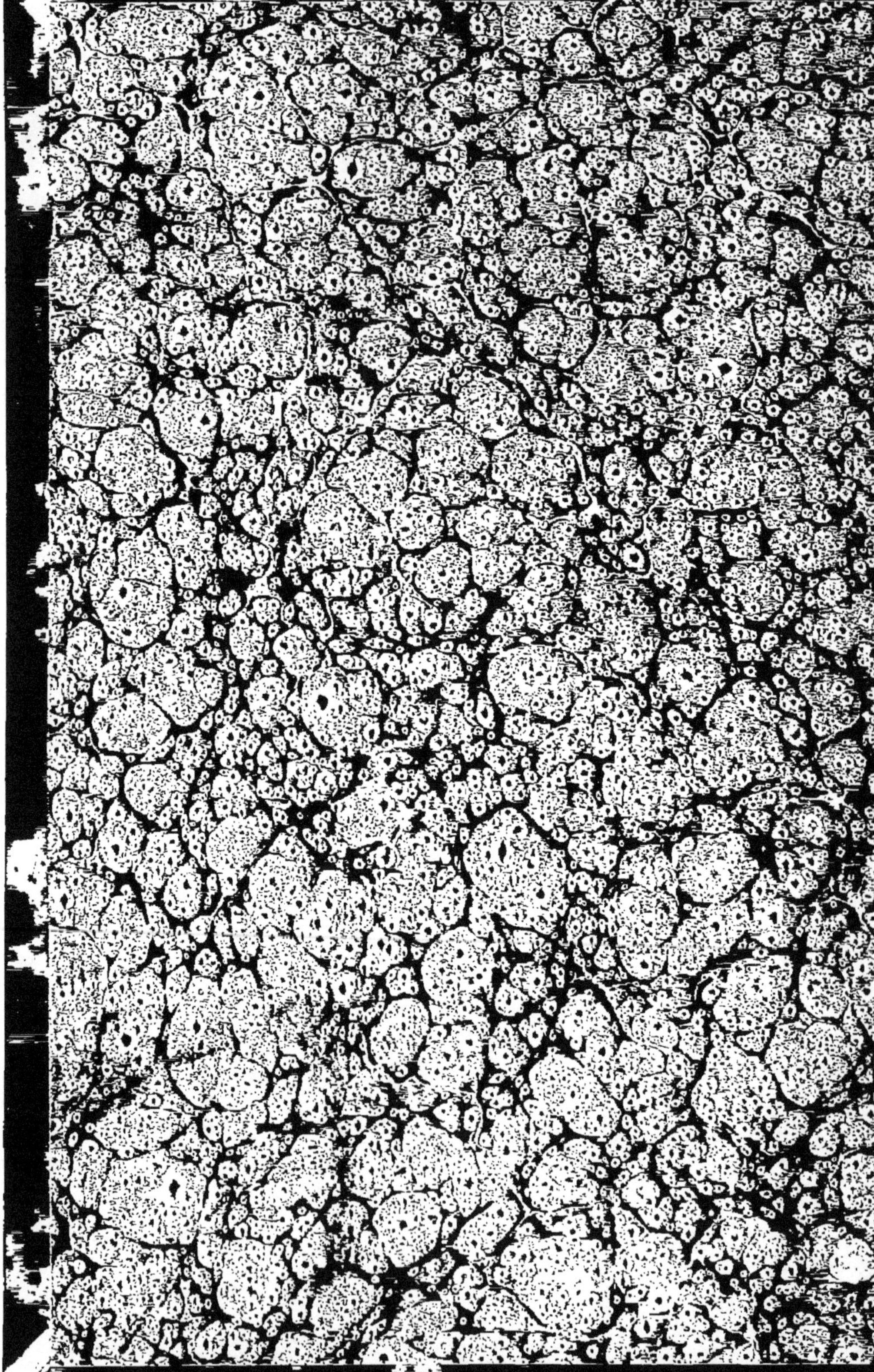

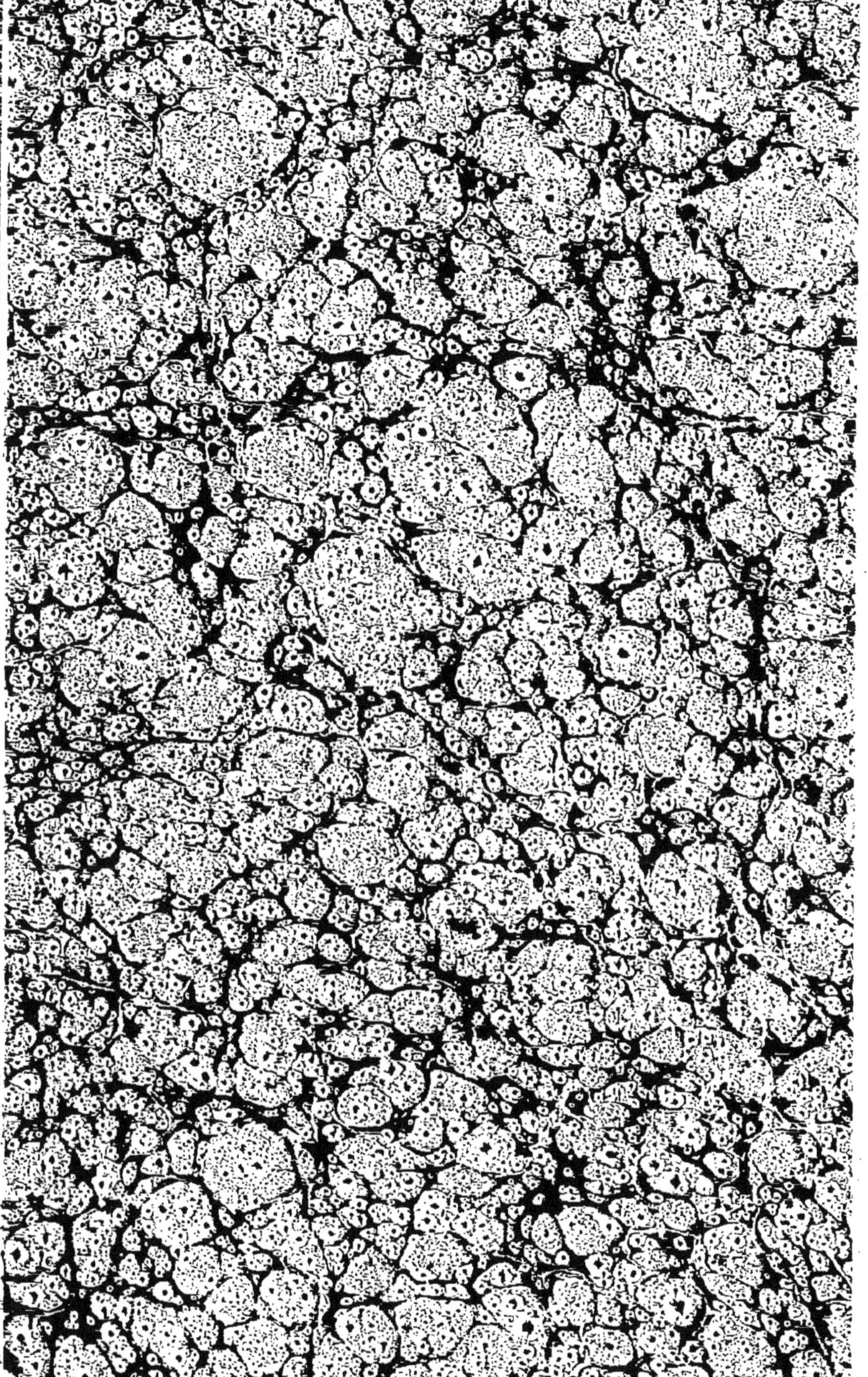

INSTRUCTIONS PRATIQUES

SUR LA

CULTURE DES PLANTES,

DANS LES APPARTEMENTS, SUR LES FENÊTRES
ET DANS LES PETITS JARDINS.

Ornée de Vignettes.

PAR

COURTOIS-GÉRARD.

PARIS,

EN VENTE CHEZ L'AUTEUR,
MARCHAND GRAINIER HORTICULTEUR,
Quai de la Mégisserie, 34,
Et à la Librairie agricole de la Maison Rustique,
Rue Jacob, 26.

1849.

TABLE DES MATIÈRES.

INTRODUCTION.

Les marchés aux fleurs, ces immenses bazars où deux fois par semaine les laborieux horticulteurs viennent offrir à l'habitant des villes des végétaux auxquels ils ont prodigué tous leurs soins, sont garnis de plantes en fleurs à toutes les époques de l'année. Chaque mois, chaque semaine apporte son tribut; et depuis les progrès de l'horticulture, depuis que cette féconde industrie s'est enrichie, soit par l'intelligence des jardiniers, soit par le courageux dévouement des botanistes voyageurs, de variétés ou d'espèces nombreuses de plantes ornementales, il serait presque impossible d'en faire le dénombrement.

Il n'y a guère plus de vingt-cinq ans que les

marchés aux fleurs sont devenus si riches en végétaux d'ornement; avant cette époque, quelques centaines de plantes, toujours les mêmes, venaient régulièrement prendre place sur l'unique marché que nous eussions, et le commerce se ressentait de cette pauvreté. Il semblait que les rares propriétaires des grands établissements d'horticulture craignissent de ternir leur réputation en envoyant au marché les végétaux précieux réservés aux amateurs d'élite. Tout est bien changé : il n'est plus de plantes, quelque rares qu'elles soient, qui ne viennent figurer sur les marchés aux fleurs, et chaque année voit quelques plantes nouvelles venir grossir la liste des végétaux offerts à l'insatiable avidité de l'amateur. Le matin, bien avant le jour, le marché aux fleurs est une sorte de bourse où les horticulteurs font entre eux des transactions commerciales, dont l'importance est ignorée; et quand l'habitant de Paris, sortant des bras du sommeil, croit arriver un des premiers au marché, déjà beaucoup de plantes ont disparu ; mais alors commencent des affaires d'un autre ordre, et un commerce non moins actif, non moins animé, qui se prolonge jusqu'au déclin du jour.

Les marchés aux fleurs sont le rendez-vous des personnes de tout âge et de toute condition; depuis la grande dame au brillant équipage jusqu'à la modeste ouvrière, tous les rangs de la société y sont représentés et y viennent apporter leur tribut : car tous aiment les fleurs; et depuis le balcon aux élégantes découpures, depuis le vaste et riche salon que le soleil n'éclaire qu'à travers des rideaux de soie, jusqu'à l'humble appui de la fenêtre de la mansarde, tout cela semblerait triste et nu si quelque fleur ne venait l'embellir par l'éclat de ses couleurs ou l'embaumer de son parfum.

Tout hélas n'est pas roses dans ces joies innocentes! Les fleurs, si fraiches au moment où elles passent des mains de l'horticulteur dans celles de l'acheteur, ne tardent pas à perdre leur éclat; et quelques jours plus tard, la pauvre plante n'est plus qu'un cadavre décoloré. De là les suppositions les plus étranges, les plus injustes, tant le malheur rend sourd à la voix de la raison! On accuse le jardinier de mettre au fond de chaque vase de la chaux pour en brûler les racines, et obliger ainsi l'amateur à faire de nouvelles emplettes. On ignore que cette terrible chaux n'est autre que des débris de poteries ou des platras, dont l'objet est le *drainage* de la terre que renferme le vase. On appelle ainsi, d'après l'anglais, (l'expression franaise *égoutter* n'étant pas en usage) une opération qui a pour but de permettre l'écoulement de l'excès d'humidité dont regorge la terre, ce qui fait pourrir les racines, et conduit la plante à la mort, aussi bien que le ferait la sécheresse.

Dans le désir de remédier à cet accident, les acheteurs qui croient que les pots qu'ils viennent d'apporter recèlent de la chaux, s'empressent de dépoter des plantes en pleine végétation, et en changent même la terre; d'autres, plus soigneux encore, mettent les racines à nu, et sont étonnés de voir leurs plantes se flétrir et perdre à la fois leurs fleurs avec la vie. Ils ne s'accusent pas de leur mort; mais ils en rendent responsable l'horticulteur dont la chaux avait déjà, disent-ils, brûlé les racines du végétal, qu'ils sont arrivés trop tard pour sauver.

Nous expliquerons d'une manière plus naturelle les causes de cet accident, souvent inévitable. On voit périr des végétaux, même rustiques, quand on les achète à une époque où, fleurissant à contre-saison ou même prématurément, ils sortaient de serres maintenues à une température élevée, ou de dessous des châssis qui en activaient la végétation. Là, ils étaient entourés de tous les agents les plus favorables à la végétation : chaleur, lumière, humidité, abris contre les influences extérieures, telles étaient les conditions qui les maintenaient dans un état de santé satisfaisant. Une fois sortis des mains de l'horticulteur, ils passent au grand air, dont l'activité dévorante les tue, et ils reçoivent, au lieu de soins bien entendus, des arrosements immodérés, ou bien ils souffrent d'une sécheresse qui prive les racines de toute nourriture. Dans ces conditions nouvelles, tout ce qui les environne concourt à leur souffrance, et la mort vient mettre le terme à cette lente agonie.

D'autres fois, les plantes soumises à ces influences pernicieuses avaient passé leur vie dans des pots enfoncés dans le sol, ce qui les défendait contre les causes extérieures de destruction et leur permettait de jouir d'une protection bienfaisante ; il leur arrive, comme aux premières, d'être soumises à toutes sortes de chances défavorables; et quand elles périssent, l'horticulteur est accusé de supercherie et de mauvaise foi.

Certaines plantes, fraîchement empotées, exigeraient un traitement spécial, tel que des abris, des arrosements modérés, pour accomplir toute leur végétation, et l'absence de ces soins bien compris les tue.

Voilà les causes principales de la mort de tant de végétaux, qui eussent vécu pour la satisfaction de leurs possesseurs, si ces derniers eussent bien compris quels sont les soins dont il fallait les entourer pour qu'ils vécussent.

Depuis que les habitants des villes achètent des fleurs, les mêmes plaintes se sont fait entendre sous les mêmes formes, sans que personne se soit élevé contre ces préjugés et n'ait eu la franchise de leur dire qu'eux seuls sont les bourreaux de leurs fleurs ; qu'eux seuls les tuent, faute de savoir leur donner les soins qu'elles réclament. C'est pour répandre parmi les amateurs la connaissance du traitement propre à chaque sorte de plante dans les différentes conditions où ils les placent, suivant la saison et la nature de chacune d'elles, que nous avons écrit ce petit livre, véritable *vade-mecum* des visiteurs assidus de nos marchés aux fleurs. Nous leur donnerons tous les conseils qui peuvent empêcher les déceptions dont ils souffrent trop souvent par leur faute ; nous leur dirons ce qu'ils doivent faire chaque mois pour conserver leurs végétaux d'ornement ; quels sont ceux qui apparaissent à chaque époque sur nos marchés, et nous terminerons par une liste alphabétique des plantes dont nous n'avons donné que le nom dans nos tableaux, en y joignant une courte description pour les aider à les reconnaître.

On ne doit pas s'attendre à trouver de science dans ce livre, que nous écrivons dans la langue de tout le monde ; seulement nous dirons que les amateurs peuvent faire, aux marchés aux fleurs, un petit cours de botanique ornementale, tant est grand le nombre des végétaux qui y apparaissent et qui représentent les groupes principaux des grandes familles naturelles.

CHAPITRE PREMIER.

DES DIVERSES OPÉRATIONS DE CULTURE.

§ 1. LABOURS.

Nous ne sortons pas de notre plan en donnant quelques conseils aux personnes qui ont un tout petit jardin, une bande de terre dans une cour, le long d'un mur, ou une petite avant-cour avec quelques mètres carrés de terre à mettre en culture.

C'est à elles que nous adressons les conseils suivants, les caisses, jardinières, vases, etc., n'exigeant que de simples binages ou un renouvellement complet du sol quand il est épuisé. Dans les jardins, les labours se font à la bêche, pendant l'hiver et toutes les fois qu'on veut faire succéder une culture à une autre. Avant de commencer cette opération, on enlève de la terre de manière à former une jauge d'un fer de bêche de profondeur (25 à 30 centimètres). On la dépose au bout où l'on doit terminer, de manière à avoir de quoi remplir le vide de la dernière jauge.

On laboure à reculons, en prenant la terre par bêchée que l'on replace sur l'autre bord de la jauge, en la retournant chaque fois, de manière que celle du fond se trouve en dessus. Pour les labours d'hiver, on met du fumier dans chaque jauge, en ayant soin de ne pas l'enterrer trop profondément, afin qu'il se trouve à la portée des racines. On brise soigneusement les mottes de terre avec la bêche; puis on jette de côté les pierres que l'on rencontre.

§ 2. DES SEMIS.

Dans les caisses qui garnissent les fenêtres et terrasses, les semis se bornent à quelques pincées de graines qu'on répand uniformément sur le sol, ou dans un petit sillon quand on veut obtenir des végétaux en lignes comme les volubilis, les pois de senteur, les capucines etc, qui sont destinées à grimper le long d'un treillage. D'autres fois on se borne à faire un petit trou avec un plantoir, ou même le doigt, et à y diposer une ou plusieurs graines suivant leur grosseur.

Quelquefois on sème dans un coin de la caisse ou dans une caisse séparée, des plantes qu'on repiquera dans d'autres caisses, ce qui s'appelle semer en pépinière.

On peut, pour le reste de l'opération, se conformer aux prescriptions qui suivent et qui se rapportent aux plates-bandes ayant au moins un mètre de largeur.

Les semis se font à la volée, en lignes ou rayons, et en pochets.

Semis à la volée. La terre étant préparée comme il a été dit plus haut, on prend une poignée de graines, et on la répand sur le sol en la laissant passer entre les doigts par un mouvement d'arrière en avant. Lorsque les graines sont bonnes, il ne faut pas semer trop épais, afin d'avoir des plants vigoureux ; et si, malgré cette précaution, ils étaient trop drus, il faudrait les éclaircir à la main. Comme il est extrêmement difficile de ne pas semer trop épais les graines fines, on peut, pour éviter cet inconvénient, les mêler avec du sable ou de la terre bien sèche. Après le semis, on herse le terrain légèrement, on le foule de manière à mettre les graines en contact avee la terre, ce qu'il ne faudrait cependant pas faire immédiatement, si le terrain était humide. Pour recouvrir les graines, on étend dessus une légère couche de terreau; puis, si le temps est sec, on a soin d'en favoriser la germination par des bassinages donnés avec l'arrosoir à pomme.

Semis en lignes ou *en rayons.* On trace, avec la binette, des rayons d'environ 3 ou 5 cent. de profondeur, plus ou moins éloignés les uns des autres, suivant ce que l'on veut semer; après avoir répandu la graine, on la recouvre légèrement en rabattant avec le dos du râteau un peu de la terre des côtés. Lorsque le plant est sorti de terre, on finit de remplir les rayons en passant le râteau ou la binette entre chaque rang. Ce mode de semis est très-avantageux, surtout dans les terrains où les binages doivent être fréquents.

Semis en pochets. Il consiste à faire avec la binette des trous disposés en échiquier, et dont la distance et la profondeur seront calculées d'après le développement que doit prendre chaque touffe. Puis, après avoir placé quelques graines dans chaque trou, on les recouvre, en rabattant un peu la terre; et lorsque les plantes sont assez élevées, on finit de remplir les trous en passant un coup de râteau entre chaque touffe.

Toutes les plantes annuelles peuvent être semées en pots ou en caisses sur les fenêtres, balcons ou terrasses; mais il en est quelques-unes, telles que les: amaranthes, balsamines, cobéas, seneçons, zinnias, petunias, verveines, giroflées, quarantaines qui exigent une douce température pour germer, et se cultivent sur couche pendant la première semaine de leur vie. Pour suppléer à l'absence de couche, on peut employer l'appareil figuré ci-dessous.

qui permet de semer chez soi, dans ses appartements même, les graines trop délicates pour supporter la pleine terre.

Fig. 1.

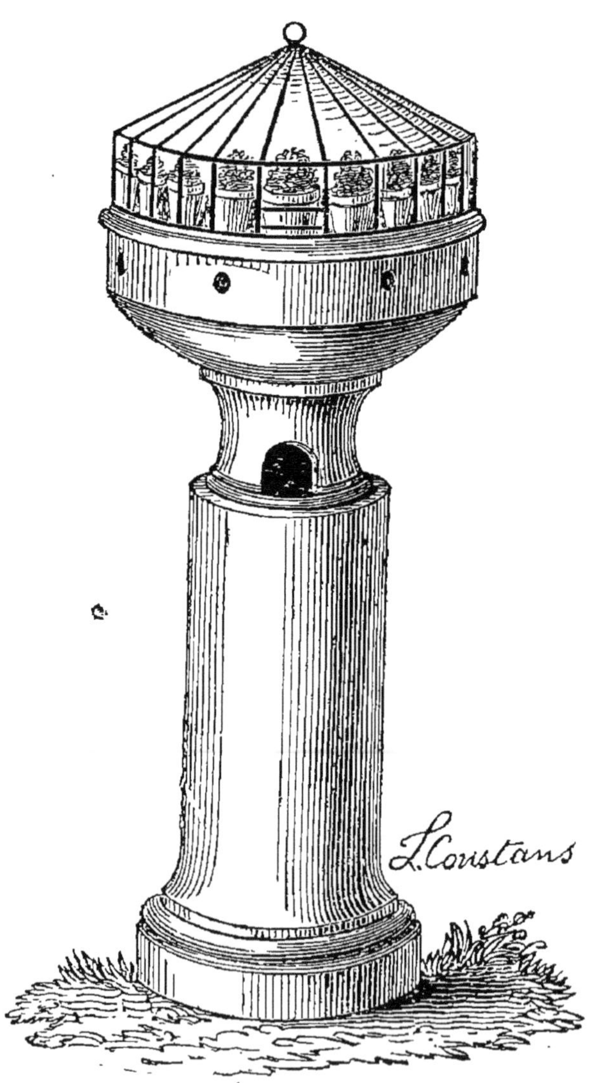

Il se compose d'un vase hémisphérique porté sur un piédestal au sommet duquel se place une lampe destinée à chauffer le sol que contient le vase et où sont plongés de petits pots destinés aux semis et aux boutures, le tout recouvert d'une cloche pour concentrer la chaleur.

Cet appareil, qui se trouve chez M. Follet, fabricant de poteries, rue des Charbonniers-St-Marcel, est d'un usage aussi agréable que facile.

§ 3. REPIQUAGE.

Il n'y a pas de différence entre le repiquage dans les caisses et celui qui se fait dans une platebande. Un petit morceau de bois pointu sert de plantoir ; on fait en terre un trou proportionné à la force de la plante qu'on repique ; et quand on l'a déposée dans ce trou, on foule la terre autour des racines et l'on donne un arrosement léger pour en assurer la reprise, en ayant soin d'ombrager la jeune plante.

Dans les petits jardins, le repiquage ne doit se faire que dans une terre bien préparée, et sur laquelle on aura étendu un paillis de fumier court, pour que, d'une part, le plant profite plus longtemps des arrosements, et, d'un autre côté, que les arrosements ne collent pas le plant sur la terre, ce qui occasionne souvent la pourriture des feuilles. Les repiquages qui ont lieu en été doivent, autant que possible, être faits par un temps couvert ; et, s'il ne venait pas de temps favorable, il faudrait faire le repiquage vers la fin de la journée, et faciliter la reprise par des arrosements. Quand on a beaucoup de plantes à repiquer, et que le temps est très-sec, il ne faut pas attendre qu'on ait terminé pour commencer à arroser.

§ 4. DES SARCLAGES ET DES BINAGES.

On sarcle et l'on bine aussi bien la terre des caisses que le sol d'un jardin. Ce paragraphe s'applique donc à ces deux circonstances, et les principes en sont les mêmes.

Le *sarclage* consiste à faire disparaître du sol les plantes et les mauvaises herbes étrangères à la culture. Cette opération se fait à la main, et exige une certaine pratique afin de distinguer au premier coup d'œil les plantes qu'il faut enlever, de celles qui doivent être conservées. On conçoit que ce travail doit offrir beaucoup de difficultés lorsque la terre est sèche : c'est pourquoi, dans ce cas, il faut avoir soin de bassiner le terrain, une heure au moins avant de commencer cette opération.

Le *binage* est une opération non moins nécessaire aux plantes que le sarclage; elle a lieu à l'aide de la binette, et, suivant le besoin, avec la lame ou avec les dents.

Le binage a pour but de diviser la surface du sol, afin de rendre la terre perméable aux influences atmosphériques et aux arrosements. Dans quelques circonstances (par exemple pour les plantes repiquées), le binage peut remplacer le sarclage, et quelquefois alors on peut, au lieu de la binette, employer la ratissoire.

§ 5. DES ARROSEMENTS.

Il est impossible de déterminer d'une manière rigoureuse les circonstances dans lesquelles doivent avoir lieu les arrosements; mais on peut dire en thèse générale qu'il faut les proportionner aux progrès de la végétation, c'est-à-dire qu'une plante en fleur exige d'être arrosée beaucoup plus fréquemment que celle qui ne fait que de commencer à végéter. Enfin il faut les modérer ou les augmenter suivant la température, de manière que la terre soit toujours fraîche sans être humide.

Au printemps, tant que les gelées tardives sont à craindre, on arrose dans la matinée.

En été, toute la journée, et particulièrement le soir, afin que les plantes en profitent pendant la nuit; puis en automne, époque où les nuits sont ordinairement fraîches, on arrose le matin.

Si l'on emploie de l'eau de puits pour arroser, il faut autant que possible la tirer d'avance, ce qui permet au sédiment calcaire qu'elle contient, de se déposer. Il ne faudrait pas s'effrayer si elle éprouvait un commencement de corruption lorsqu'on l'emploie, elle n'en vaudrait que mieux. On peut encore augmenter la vigueur des plantes en faisant des arrosements avec de l'eau dans laquelle on aura mis décomposer des substances animales ou végétales.

Indépendamment des arrosements faits au pied de la plante, il faut pendant l'été les bassiner après le coucher du soleil; car il ne suffit pas de mouiller les racines, il faut encore procurer aux feuilles l'humidité qu'elles ne trouvent plus dans l'atmosphère, surtout au milieu des villes, où les murs reflètent de tous les côtés une chaleur brûlante qui contribue à altérer la santé des plantes et les fait souvent périr.

§ 6. EMPOTAGES.

Cette opération, qui s'applique aux plantes de toutes sortes et dans toutes les conditions, consiste à planter en pots des plantes toutes venues, ou bien à mettre plus grandement celles qu'on y cultive déjà.

Avant de planter, on prépare des pots proportionnés à la vigueur des plantes, on place un tesson sur le trou du fond ; puis on les emplit de terre à moitié ou aux trois quarts, suivant la grosseur de la motte. On place la plante au milieu et on achève de remplir le pot, en ayant soin de fouler légèrement la terre.

Pour les plantes qu'on veut mettre plus grandement, il faut les dépoter avec précaution en plaçant la main gauche sur la surface de la terre, de manière que la tige passe entre les doigts ; puis on renverse la plante la tête en bas, et, en soutenant le pot de la main droite, l'on en frappe légèrement le bord sur un point d'appui. Une fois la motte sortie du pot, on la visite. S'il arrive, ce qui a souvent lieu, que le chevelu qui tapisse la motte soit formé d'un tissu de racines desséchées, on le coupe bien net; puis, en grattant légèrement, l'on fait tomber une plus ou moins forte partie de vieille terre, selon qu'elle sera plus ou moins décomposée; ensuite on supprime les racines rompues ou pourries. Après avoir ainsi préparé la motte, s'il arrivait qu'elle fût très-sèche, on la plongerait dans l'eau jusqu'à ce qu'elle soit bien imbibée. Après l'avoir fait égoutter, on la place dans le pot qu'on lui destine et qui doit toujours être proportionné au volume des racines et à la vigueur de la plante, ce qui cependant ne doit avoir lieu qu'après avoir placé un tesson ou un lit de gravier au fond du pot, afin de faciliter l'écoulement de l'eau des arrosements. Ensuite on met un lit de terre dont l'épaisseur doit être calculée de telle sorte, que la surface de la motte se trouve de 15 à 20 millimètres au-dessus des bords du pot; puis on coule de la terre entre la motte et les parois du pot, en ayant soin de maintenir la tige de la plante juste au milieu. Afin qu'il n'existe aucun vide, on la foule avec une spatule, on frappe légèrement le fond du pot sur le sol; puis on achève de le remplir avec de la terre qu'on tasse cette fois avec les pouces, en ayant soin de laisser la surface de la terre d'environ 10 millimètres plus basse que les bords du pot, afin de recevoir l'eau des arrosements.

Ce que nous venons de dire relativement au

rempotage est en tout point applicable aux plantes cultivées en caisses.

Composition de la terre qu'il faut donner aux plantes ci-après désignées.

Orangers. Un quart terre franche, un quart bonne terre de potager, un quart terre de bruyère et un quart terreau gras.

Myrthes. Terre de bruyère pure.

Grenadiers et *Lauriers roses*. Bonne terre de potager mêlée de terreau gras.

Geraniums. Un tiers de terre de bruyère, un tiers de terre franche, un tiers de terreau de feuilles ou, à défaut, de fumier, et un peu de poudrette bien tamisée.

Calcéolaires. Terre de bruyère mêlée de terreau de feuilles.

Vervcines. Terre de bruyère mêlée d'une partie de bonne terre de potager.

Cinéraires. Terre de bruyère pure.

Camellias. Terre de bruyère pure.

Hortensias. Terre de bruyère pure.

Plantes grasses. Terre franche mêlée de terre de bruyère.

§ 7. DES PRINCIPES GÉNÉRAUX DE LA TAILLE.

La taille des arbres exige des connaissances théoriques et pratiques que le cadre de cet ouvrage ne nous permet pas de développer ici. Nous dirons seulement que cette opération a pour but de distribuer la séve également dans toutes les parties de l'arbre et de lui donner une forme agréable.

Pour arriver à ce résultat, il faut toujours avoir égard à la vigueur des arbres; et, règle générale, moins un arbre pousse vigoureusement, plus il faut le tailler court.

On commence ordinairement à tailler vers la fin de janvier et jusqu'en mars.

Cependant les lilas doivent être taillés aussitôt après qu'ils sont défleuris; les geraniums fin d'août et commencement de septembre; les orangers en septembre, et les grenadiers en automne.

On doit toujours, en taillant, faire une coupe bien nette, un peu oblique, opposée à l'œil sur lequel on taille et à environ 3 centimètres au-dessus, afin que la sève puisse facilement recouvrir la plaie.

Indépendamment de la taille, il faut, pendant

tout le temps de la végétation, surveiller avec soin le développement des rameaux, supprimer ceux qui sont mal placés, qu'il faudrait enlever à la taille; puis pincer l'extrémité de ceux qui se developpent trop vigoureusement, afin de rétablir l'équilibre de la séve.

La connaissance des principes que nous venons de faire connaître suffira pour qu'on puisse tailler soi-même les arbres et arbustes qu'on cultive ordinairement sur les terrasses et dans les petits jardins.

CHAPITRE II.

DES ENGRAIS.

Les engrais sont des substances animales ou végétales, qui, mêlées à la terre, la rendent plus fertile.

Dans les caisses et dans les petits jardins, il ne faut employer que des engrais consommés dont les végétaux puissent profiter immédiatement. Le terreau gras, c'est-à-dire celui qui provient des vieilles couches et qui n'a pas encore servi, est un excellent engrais ; on en trouve chez tous les jardiniers maraîchers qui font des couches.

Chaque année on doit, avant de semer ou de planter, étendre un lit de terreau gras sur toute la surface du sol.

La quantité d'engrais à répandre doit être plus ou moins grande, suivant que le sol est plus ou moins épuisé ; mais quelle que soit la quantité, il faut le répandre également, et avoir soin en labourant de ne pas l'enterrer trop profondément ; enfin, après avoir labouré, on herse le terrain de manière à diviser la terre et mélanger l'engrais. A défaut de terreau, on peut employer toute espèce de fumier, pourvu qu'il soit assez consommé pour qu'on puisse le couper à la bêche. On peut encore employer comme engrais, mais avec précaution et en très petite quantité, en raison de leur nature brûlante, la colombine ou fiente de pigeon à l'état pulvérulent, la poudrette et le noir animal. L'engrais qu'on met dans la terre ne dispense en aucune circonstance de recouvrir les semis avec un peu de terreau, comme nous l'avons indiqué à l'article *Semis*, de même qu'il ne faut pas négliger pendant l'été de couvrir la terre de paillis ou fumier court. Ce qui empêche le sol de se fendre, conserve la fraîcheur des arrosements et finit par suite par bonifier le terrain.

CHAPITRE III.

§ 1. DES BALCONS, DES TERRASSES ET DES FENÊTRES (1).

A l'aide de quelques dispositions que nous allons indiquer, on peut cultiver des plantes sur les fenêtres, sur un balcon ou sur une terrasse.

Lorsqu'on n'a pas de jardin et qu'on veut se procurer la jouissance de voir fleurir sous ses yeux des végétaux cultivés par ses mains, il faut faire établir des caisses en chêne assez longues pour garnir la place dont on peut disposer. En toutes circonstances, ces caisses doivent avoir environ

---

(1) Il est défendu à tous propriétaires et locataires des maisons situées dans la ville de Paris, de déposer sous aucun prétexte, et de laisser déposer sur les toits, entablements, chenaux, gouttières, terrasses, murs et autres parties élevées des maisons, des caisses, pots à fleurs, vases et autres objets quelconques. Il ne pourra être formé de dépôts de cette espèce que sur les grands et les petits balcons et sur les appuis des croisées garnies de balustrades en fer ou de barres transversales en fer avec grillages en fil de fer maillé, s'étendant à tout l'espace compris entre l'appui et la barre la plus élevée. (*Extrait de l'ordonnance de police.*)

33 centimètres de profondeur, sur une largeur qui ne doit pas être moindre de 25 centimètres. Le fond ne doit pas être hermétiquement clos, il faut au contraire faire pratiquer des trous de loin en loin, afin d'empêcher l'eau de séjourner. Avant de les remplir de terre, on met au fond quelques tessons de poterie, un lit de petit plâtras, ou bien une couche de sable, pour faciliter l'écoulement de l'eau des arrosements.

On prend ensuite de la bonne terre de potager mélangée d'un tiers ou d'un quart de terreau bien consommé, suivant que la terre est plus ou moins légère (le terreau pur qu'on trouve sur les marchés, ne doit pas être employé seul, car il est trop léger et se décompose trop vite).

On la foule légèrement en la mettant dans la caisse, de manière qu'elle subisse le moins de tassement possible, et pour faciliter l'absorption de l'eau des arrosements. La hauteur de la terre doit être calculée de manière que la surface du terrain soit de quelques centimètres plus bas que les bords de la caisse. Enfin, après avoir semé ou planté, on couvre la terre d'un lit de fumier court à moitié consommé toujours préférable au crottin de cheval qui produit une grande quantité de mauvaises herbes ; ou bien on étend une couche de mousse, pour conserver l'humidité du sol et l'empêcher de durcir.

Après avoir tout disposé pour recevoir les plantes, il reste à prendre les mesures nécessaires pour les abriter contre les rayons brûlants du soleil. Pour cela, on peut, suivant la position, établir une charpente légère destinée à recevoir une tente de toile qu'on baisse pendant le moment le plus chaud de la journée ; un berceau en treillage qu'on garnit avec des plantes grimpantes; ou tout simplement des fils de fer qu'on tend du bas en haut des fenêtres, et le long desquels on fait monter des Cobeas, des Capucines, des Haricots d'Espagne, des Pois de senteur ou des Volubilis, qui servent à la fois d'ornement et d'abri.

§ 2. DES APPARTEMENTS.

La manière dont on dispose les plantes dans les appartements nuit le plus souvent à leur conservation ; car, sans se préoccupper des suites de cette opération, on commence par enlever les plantes des pots, avec plus ou moins de précaution, pour les placer dans une jardinière de grandeur à contenir le plus souvent cinq plantes, et dans laquelle on trouve moyen d'en faire entrer le double, afin de former un groupe gracieux; pour achever de les perdre, on place la jardinière dans l'endroit de l'appartement où elle produit le meilleur effet, souvent très-loin du jour, et l'on ne pense à donner de l'eau aux plantes que lorsqu'elles sont fanées ou sur le point de se flétrir; quelquefois, au contraire, on leur en donne trop, et il en résulte qu'elles meurent peu de temps après qu'on les a achetées, par suite de ces mauvais traitements.

Pour conserver les plantes dans les appartements, il faut avant tout les laisser dans leurs pots, ce qui n'empêche pas de les placer dans une jardinière, dans des vases ou sur une étagère, et les disposer suivant leur taille et la couleur de leurs fleurs, mais toujours de manière qu'elles recoivent le plus de lumière possible, c'est-à-dire devant les fenêtres. En hiver, lorsqu'il gèle, on les retire pendant la nuit au milieu de l'appartement, afin qu'elles ne puissent pas être atteintes par le froid.

En été, on les rentre également dans l'appartement pour les soustraire aux rayons brûlants du soleil; enfin, on renouvelle l'air le plus souvent possible, on arrose de manière que la terre soit toujours fraîche sans être humide; et, au moyen de légers bassinages, on enlève la poussière qui s'attache aux feuilles. En observant avec soin ces prescriptions, on conservera les plantes aussi longtemps qu'il est possible de la faire dans un endroit habité.

Indépendamment des plantes en fleurs, on peut prendre, pour garnir les appartements, des Myrtes à petites feuilles, des Thuyas, des Cèdres de Virginie, etc.

Fig. 2.

Ces arbustes s'accommodent très-bien de l'atmosphère étouffée des appartements, et le vert foncé de leur feuillage fait ressortir très-avantageusement l'éclat des plantes en fleurs.

On peut aussi, pendant l'hiver, placer dans les appartements des caisses longues et étroites, semblables à celle figurée ci-dessus, dans lesquelles on plante des Lierres, qu'on palisse sur un treillage fixé sur l'un des côtés de la caisse. En donnant à ce treillage une figure ornementale, on peut avoir des arcs gothiques en verdure qui produisent un charmant effet, et n'exigent d'autres soins que des bassinages pour enlever la poussière qui s'attache aux feuilles.

En Allemagne, ces treilles sont pendant l'hiver l'ornement d'un grand nombre d'appartements. Quelques personnes remplacent le lierre par une plante tout aussi rustique que l'on cultive sous le nom de *Corynanthelium monoræ.*

Parmi les plantes grimpantes de serre tempérée, plusieurs peuvent être cultivées dans des appartements.

On fabrique, pour les diriger, des treillages en fil de fer galvanisé, dont la forme est soumise au goût du constructeur.

Les figures 3 et 4, copiées chez M. Bertrand,

horticulteur, rue de la Roquette, peuvent donner une idée de l'effet qu'ils produisent lorsqu'ils sont garnis de plantes (1).

Fig. 3. Fig. 4.

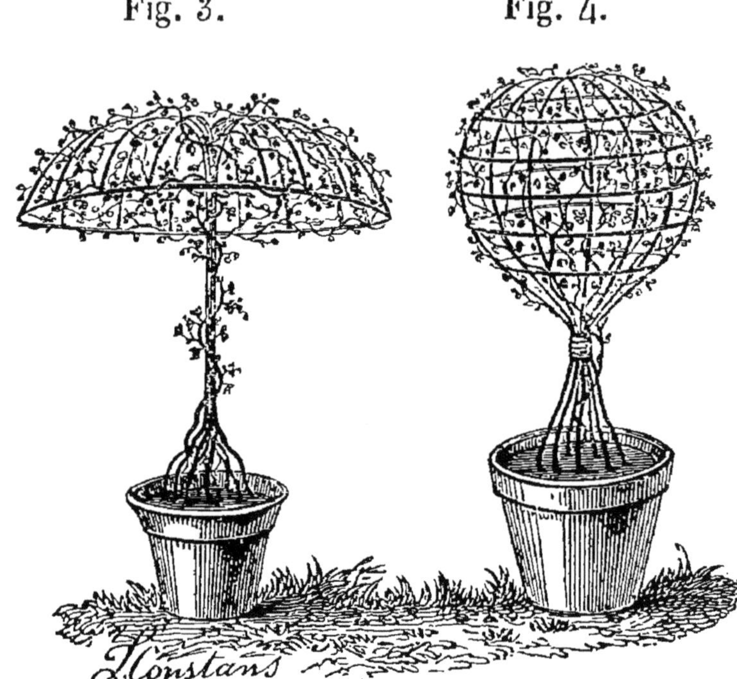

En Belgique, les capucines tricolores, bleues et à cinq feuilles sont de la part d'un grand nombre d'amateurs, l'objet d'une préférence toute particulière pour garnir les treillages. Rien n'est plus gracieux, en effet, que plusieurs de ces plantes cultivées dans le même pot. Comme les tiges sont

(1) On trouve un grand nombre de ces appareils chez M. Tronchon, avenue de Saint Cloud, barrière de l'Étoile.

annuelles, on peut, lorsqu'elles sont sèches, relever les tubercules et les remplacer par des Thunbergia, des Loasa ou des Maurandia.

On cultive dans le même but, les Thamnus et plusieurs espèces d'Ipomées.

Fig. 5. Fig, 6.

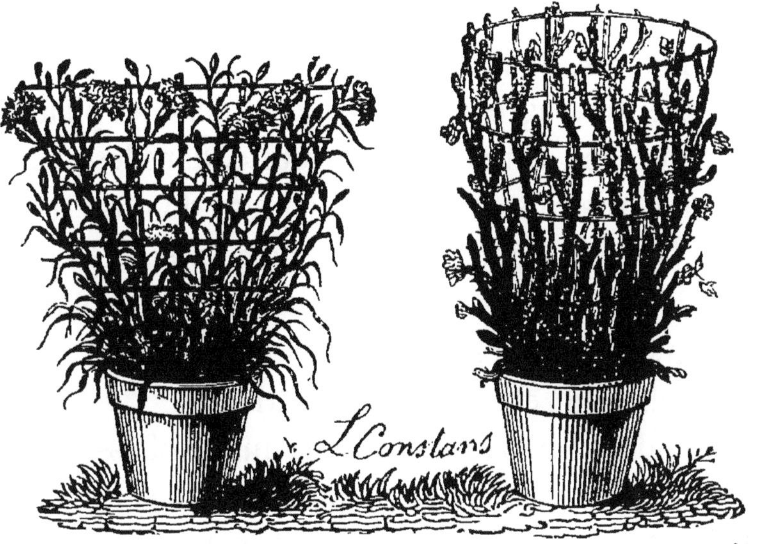

La figure 5 représente un treillage en bois que l'on emploie particulièrement pour palisser les œillets, et la figure 6 un Cactus flagelliformis dirigé sur un treillage fait avec des baguettes de noisetier ou de châtaignier.

§ 3. FENÊTRES A DOUBLES CHASSIS.

Dans les villes du Nord, le plus grand nombre

des maisons est garni de fenêtres à doubles châssis. Ce moyen, peu dispendieux, permet d'avoir des plantes en fleur pendant tout l'hiver.

On fait établir entre les châssis et de manière à garnir l'embrasure de la fenêtre, une caisse qu'on remplit de bonne terre.

Pour garnir la paroi intérieure des murs, on plante des végétaux grimpants, le plus souvent des Lierres, dont le feuillage toujours vert produit un effet très-agréable ; puis on suspend au plafond une ou deux lampes en terre cuite, dans lesquelles on met quelques-unes des plantes, dont on trouvera la liste à l'article *vases à suspension.* On peut garnir ces caisses avec les plantes en fleurs de la saison, ou bien planter des Jacinthes, des Crocus de Hollande, et des Tulipes hâtives.

Pendant l'hiver, on ouvre la nuit le châssis intérieur, et la chaleur de l'appartement suffit ordinairement pour garantir de l'influence de la mauvaise saison, les plantes qu'on y élève ; toutefois, il faut avoir soin, pendant les gelées, que les plantes ne touchent pas aux vitraux extérieurs, qui se couvrent de glace et peuvent par leur contact faire périr les jeunes rameaux ou les plantes délicates qui redoutent le froid.

§ 4. FENÊTRES-SERRES.

Fig. 7.

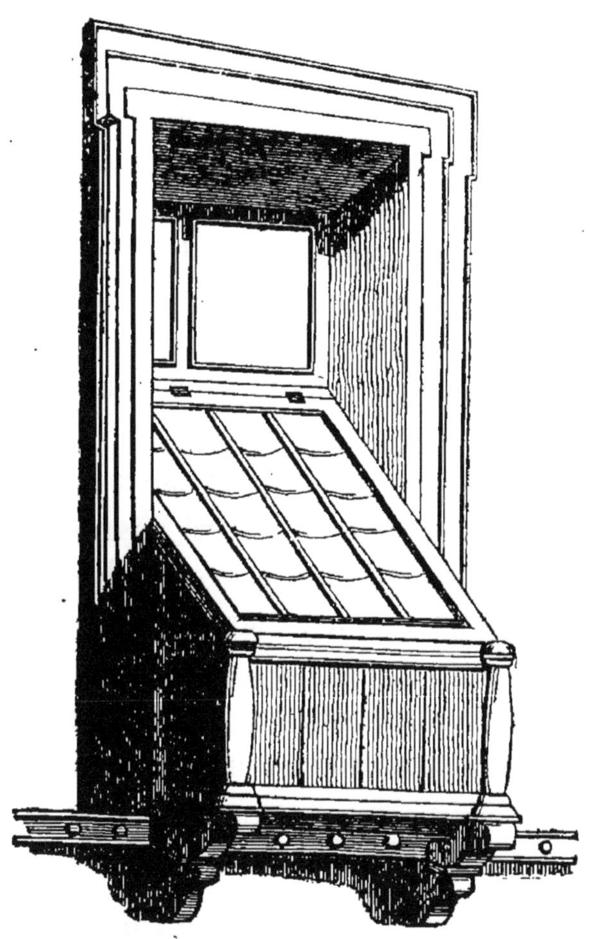

En Allemagne, en Suisse et en Belgique, où la culture des plantes dans les appartements est mieux comprise qu'en France, il existe, dans un grand nombre de maisons, des fenêtres-serres semblables à la figure ci-jointe (fig. 7), copiée dans les annales de la Société d'agriculture de Gand.

Cet appareil n'est autre chose qu'un châssis plus ou moins coquettement construit qui occupe, comme on le voit, les deux tiers de la hauteur des fenêtres d'un appartement.

Les plantes, rangées sur des tablettes transversales par ordre de grandeur, peuvent être vues du dehors ainsi que de l'intérieur des appartements, et rien n'est plus gracieux que cette sorte de construction.

Pour donner de l'air aux plantes, on soulève plus ou moins le panneau vitré au moyen d'une crémaillière fixée sur la traverse du bas.

Les végétaux qu'on y élève et ceux qui réussissent le mieux sont les Bruyères du Cap, Cyclamens, Daphnés, Ericas, Epacris, Primevères de la Chine et tous les ognons à fleurs.

§ 5. VASES.

Les personnes qui, tout en n'ayant pas de jardin, habitent cependant une maison ornée d'un perron ou d'une grille dont les pilastres ont été disposés pour recevoir des vases de terre ou de métal de forme coquette, que le goût éclairé de nos potiers et de nos fondeurs varie de la manière la plus capricieuse, sont le plus souvent privées de cette gracieuse décoration, faute de savoir les garnir de végétaux qui récréent la vue en toute saison.

Nous avouons que le nombre en est assez limité, à cause de la position défavorable de ces vases qui sont exposés à toutes les alternatives de chaud, de froid, de sécheresse, d'humidité, avec leur maximum d'intensité destructive, ce qui doit faire préférer les vases de terre, moins susceptibles de souffrir de ces influences; mais encore en existe-t-il qui peuvent parfaitement remplir ce but:

Nous conseillerons pendant l'été des Géraniums rouges, mêlés à des Pétunias blancs ou violets qui produisent jusqu'au milieu de l'automne l'effet le plus magique, des Agaves d'Amérique, des Yuccas, des Aloës, et des Iris d'Allemagne.

Pendant l'hiver, des petits Thuyas, Epiceas, Sapinettes, Cèdres de Virginie et des Iris d'Allemagne.

§ 6. VASES A SUSPENSION. (Fig. 8.)

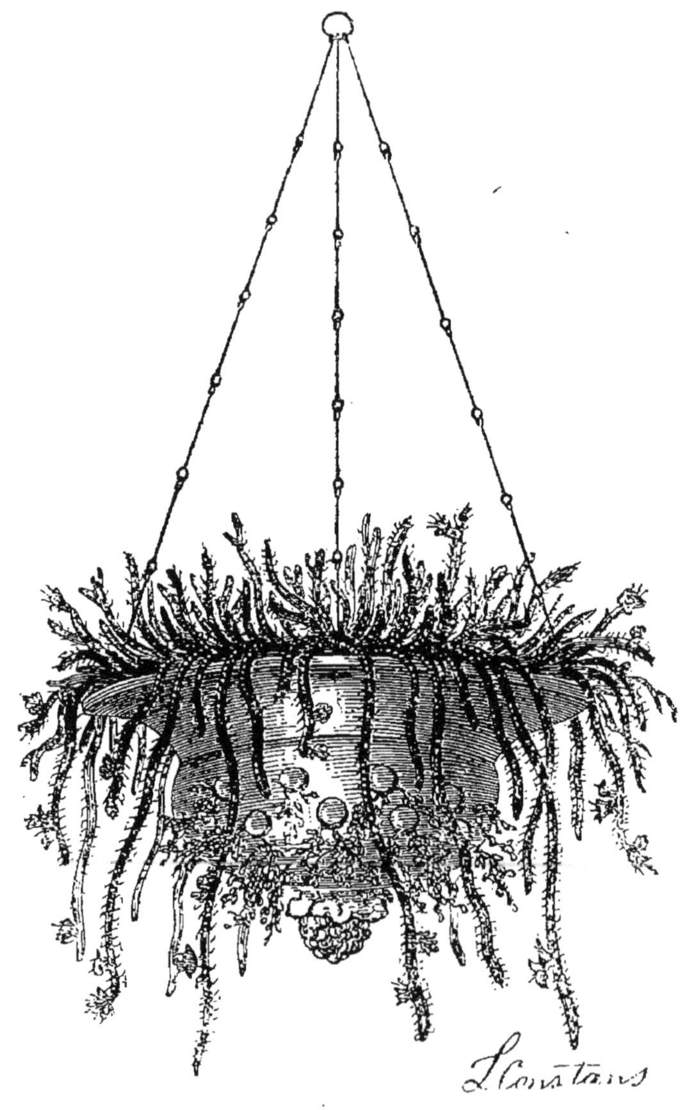

Depuis quelque années le goût des vases à suspension s'est répandu partout, et l'on trouverait difficilement une décoration plus gracieuse.

C'est surtout aux vestibules vastes et aérés, et aux salles à manger qu'ils conviennent. Leurs formes, qui comportent les plus riches dessins, peuvent s'harmoniser avec le style architectural du lieu dans lequel on les place.

Ces vases sont ordinairement percés de trous, dans lesquels on peut, en automne, placer des ognons de jacinthes et des crocus. Les feuilles et les fleurs se développent à l'extérieur, et produisent un charmant effet.

On peut aussi cultiver dans ces vases, des Achimènes qui donneront des fleurs pendant tout l'été, des Sedum Sieboldii, le Crassula spatulata, le Cereus flagelliformis, l'Arenaria balearica, etc., et pour remplacer la mousse avec laquelle on garnit ordinairement le dessus de ces vases et les parties à jour, on plante de petites touffes de Lycopodium denticulatum. Pendant l'été, on peut encore cultiver dans ces vases quelques Bilbergia et des Tillandsia.

Sous le nom d'Orchidées, on cultive dans les serres chaudes, en paniers suspendus et garnis de Lycopodes, un grand nombre de plantes plus belles

les unes que les autres ; mais comme elles exigent toutes beaucoup de chaleur et d'humidité, il est malheureusement impossible de les cultiver dans les appartements

§ 7. CORBEILLES ET JARDINIÈRES.

Nos treillageurs ont tiré un parti si ingénieux des sarments noueux de nos vignes qui simulent des supports agrestes, couronnés par des caisses ornées sur leurs bords de festons formés de bois souples et liants, et d'écailles de cônes d'arbres verts, que cet ornement rustique a pris place dans les plus riches salons.

Il faut aux plantes qu'elles renferment des soins assidus, et des renouvellements fréquents, à cause de la situation dans laquelle on les place.

Les soins généraux sont : des arrosements modérés, destinés à maintenir le sol dans un léger état de moiteur, des bassinages qui délivrent les feuilles des végétaux de la poussière qui les couvre et en termit l'éclat, et une couverture de mousse pour empêcher l'évaporation de l'eau des arrosements.

Puis, comme nous l'avons dit en parlant des plantes cultivées dans les appartements, de l'air, et de la lumière, ni trop de soleil en été, ni trop de froid en hiver.

Nous répéterons qu'il vaut toujours mieux enterrer les plantes en pots avec les vases qui les contiennent, que de les exposer aux mauvaises chances d'un dépotage et d'une reprise douteuse.

Les végétaux dont on peut garnir une jardinière sont :

En hiver :

Azaleas, Bruyères, Camellias, Cinéraires, Chorozemas, Crocus, Cyclamens, Daphnés, Diosmas, Ericas, Epacris, Héliotropes d'hiver, Hépatiques rose, bleue et blanche, Jasmins, Jacinthes, Justicias, Lauriers tin, Lilas, Megaseas, Mimosas, Métrosideros, Marguerites blanches, Primevères de la Chine, Pensées, Rhododendrons, Rosiers du Bengale, Thlaspis vivaces, Tulipes hâtives, Violettes.

Au printemps :

Azaleas, Bruyères, Camellias, Cinéraires, Crocus, Chorozemas, Daphnés, Ericas, Epacris, Fuchsias, Fabianas, Géraniums, Gardenias, Hortensias, Heliotropes, Justicias, Jacinthes, Jasmins, Kalmias, Lilas, Mimosas, Metrosideros, Pensées, Pivoines en arbre, Piméleas, Primevères de la Chine, Rhododendrons, Rosiers, Violettes, Verveines.

En été :

Achimenes, Asters, Cineraires, Cistus, Calceolaires, Crinums, Chironias, Crassulas, Convolvulus, Chorozemas, Ericas, Fuchsias, Fabianas, Gardenias, Gloxinias, Geraniums, Héliotropes, Hortensias, Hibiscus, Hydrangéas du Japon, Ixoras, Jasmins, Justicias, Lantanas, Metrosideros, Myoporums, Pimelias, Pancratiums, Pervenches, Polygalas, Rhododendrons, Rosiers, Sollyas, Stevias, Tillandsias, Verveines, Volkamerias.

En l'automne :

Asters, Bruyères, Camellias, Cineraires, Cyclamens, Ericas, Epacris, Daphnés, Fuchsias, Gardenias, Héliotropes, Jasmins, Justicias, Jacinthes, Lantanas, Lauriers-tin, Marguerites blanches, Myoporums, Mimosas, Primevères de la Chine, Pensées, Polygalas, Rosiers, Stevias, Thlaspis vivaces, Verveines.

§ 8. VASES DE PORCELAINE, CARAFES, ETC.

Les cheminées sont souvent ornés de vases de porcelaine ou de carafes destinés à contenir des ognons de Jacinthes, de Crocus ou de Narcisses, qu'on cultive dans la terre ou dans l'eau.

On achète à l'automne ces ognons élévés en

pot, ou si l'on aime mieux les élever soi-même, on les plante vers la fin de septembre ou dans le courant d'octobre, dans des pots de terre, et non dans les vases de porcelaine, qui en raison de leur imperméabilité conservent trop longtemps l'humidité, ce qui nuit essentiellement aux racines, et compromet la beauté des fleurs. Plus tard seulement, lorsque les ognons sont assez avancés, on peut sans inconvénient, placer les pots dans les vases de porcelaine ou de terre nommés cache-pot.

Dans l'eau, les ognons exigent moins de soins que dans la terre, il suffit de remplir les carafes à mesure que l'eau s'évapore, de manière que les racines soient toujours immergées; mais n'importe le mode de culture, il ne faut pas, pendant les premiers temps de la végétation, tenir les ognons dans des appartements trop chauds, et trop loin de la lumière ; car, dans cette circonstance, ils ne poussent que des longues feuilles pâles, quelquefois même jaunes, sans avoir la force de produire des fleurs, toute la puissance végétative de la plante tournant au profit de la production des feuilles.

Enfin il faut, pour réussir, une température douce, et une position près du jour pour empêcher que les ognons ne s'emportent en feuilles, et c'est seulement lorsqu'ils sont bien pourvus de racines, et que la hampe (tige à fleur) commence à paraître, que l'on peut sans inconvénient, les placer sur la cheminée ou sur le meuble qu'ils doivent orner.

Indépendamment des carafes ordinaires, on trouve des appareils en verre, dans lesquels on place deux ognons de Jacinthes en sens inverse : l'un pousse ses feuilles et ses fleurs dans l'eau, et l'autre à l'air, ce qui produit un effet assez curieux ; surtout lorsque les Jacinthes sont de couleurs différentes.

Pour remplacer les ognons à fleur, on peut cultiver dans les appartements des Bruyères du Cap, des Cactus, des Cyclamens, des Diosma, des Ericas, Myrthes à petites feuilles, des Primevères de la Chine, etc., que l'on place dans les vases, sans enlever les pots.

CHAPITRE IV.

DU GAZON ET DES CIRCONSTANCES DANS LESQUELLES ON L'EMPLOIE.

Le gazon ou ray-grass anglais, sert à faire des pelouses, des filets pour marquer le bord des chemins, des bancs de verdure, à garnir les pentes, etc.

Le feuillage fin et le beau vert de cette plante fait qu'on l'emploie de préférence à toutes les autres graminées. La graine germe promptement et on peut la semer au printemps, en automne et même pendant l'été, en ayant soin d'arroser souvent.

Avant de semer, le terrain doit être bien préparé, c'est-à-dire qu'après avoir donné un bon labour, on le herse à la fourche; puis on enlève avec le rateau les mottes et les pierres qui sont à la surface. On trace un sillon avec le manche du rateau de manière à marquer le bord de la pelouse ou des filets qu'on veut semer, après quoi on répand la graine également, on foule le terrain légèrement avec les pieds, puis on recouvre le semis avec de la terre fine ou mieux avec un peu de terreau bien consommé. Lorsqu'on veut avoir immédiatement de la verdure, on peut, au lieu de semer, prendre des plaques de gazon levées dans les prés ou sur le bord des chemins, et les appliquer sur le sol.

Pour lever ce gazon, on taille d'avance des plaques d'environ 20 cent. de large sur 30 cent. de hauteur (plus grandes, elles sont susceptibles de se briser), puis on les enlève avec une bêche à lame plate qu'on passe par-dessous en tenant le manche presque horizontalement. Comme pour le semis, il faut, avant de plaquer le gazon, labourer le terrain, et enlever les mottes de terre et les pierres.

Lorsque le terrain est prêt, on place un premier rang de plaques de gazon, en commençant par la base, si c'est un banc ou une pente qu'on veut garnir. On ajuste les plaques les unes à côté des autres, on coule un peu de terre fine derrière celles où le terrain est creux, de manière que la surface soit parfaitement unie; puis on frappe légèrement avec une petite batte, afin que les gazons s'appliquent bien sur le sol.

On place ensuite et successivement les autres rangs, et lorsqu'on craint que les plaques de gazon coulent les unes sur les autres par suite de la pente du terrain, on les fixe au moyen de petits piquets faits avec des branches d'arbres, qu'on enfonce dans la terre. Enfin, aussitôt qu'on a fini de plaquer son gazon, on arrose légèrement avec l'arrosoir à pomme, et les jours suivants on entretient la terre en état de fraîcheur au moyen de légers bassinages.

Quand la pente du terrain ne permet pas de semer comme nous l'avons indiqué, ou de plaquer, on prend de bonne terre passée à la claie, à laquelle on ajoute de la graine de gazon, on délaye le tout dans un baquet de manière à former un mortier avec lequel on enduit le terrain qu'on veut revêtir de verdure, puis avec une truelle de maçon qu'on trempe dans l'eau de temps à autre, on lisse la surface, et l'on arrose fréquemment jusqu'à ce que les graines soient levées.

S'il arrivait, malgré les arrosements, que la terre se fendît sur quelques points, on remplirait avec du mortier semblable à celui qu'on a préparé primitivement.

Lorsque les graines commencent à germer, on appuie légèrement la terre avec une petite batte semblable à celle qu'on emploie pour le gazon plaqué; puis on arrose au besoin, et lorsque l'herbe a quelques centimètres de hauteur, on la coupe avec des ciseaux à tondre ou bien avec une petite faulx à main.

Que le gazon soit semé ou plaqué, pour le conserver longtemps beau, il faut l'arroser fréquemment pendant l'été, le couper souvent, et le battre légèrement après chaque coupe.

Dans les serres et dans les appartements on peut avantageusement remplacer le gazon par le lycopodium denticulatum.

Cette plante n'exige pas de chaleur, et elle est même d'un vert plus foncé dans la serre tempérée que dans la serre chaude.

On trouve facilement des touffes de ce lycopode dans le commerce. Pour donner une idée de la rapidité avec laquelle cette plante végète, nous dirons que c'est seulement au printemps dernier que l'on a commencé à planter la belle pelouse de lycopode qui existe maintenant au Jardin d'Hiver.

Les personnes qui aiment la verdure, peuvent facilement se procurer cette satisfaction; car, indépendamment du ray-grass anglais auquel il faut peu de terre, on peut semer du cresson alénois sur n'importe quel objet, et il suffit pour réussir que les graines soient toujours humides.

Rien n'est plus simple que le moyen employé

pour préparer l'objet qu'on veut revêtir de verdure. Quelle que soit la forme qu'il affecte, on l'enveloppe avec un morceau de molleton neuf, que l'on taille de manière à faire une espèce de fourreau très-collant, on rapproche les deux parties au moyen d'une couture, et on hérisse le duvet du molleton à l'aide d'une tête de chardon. On le mouille ensuite très-légèrement, puis on sème son cresson.

Après le semis, on place le vase sur une soucoupe remplie d'eau, et pour entretenir l'humidité du molleton, il suffit de tenir la soucoupe toujours pleine. Les graines germent promptement, et si elles ont été semées très-dru, le vase sera peu de temps après complétement recouvert de verdure.

CHAPITRE V.

DE LA CONSERVATION DES VÉGÉTAUX.

Pour cultiver les plantes qui sont le sujet de nos instructions, il n'est pas indispensable de connaître leur nom scientifique et la famille à laquelle elles appartiennent, mais il est de toute nécessité de connaître au moins la durée de chacune, afin de ne pas prodiguer des soins inutiles à celle dont la vie est limitée.

Pour faciliter la connaissance de ce fait nous dirons que l'on désigne sous le nom de *plantes annuelles*, celles qui, dans le courant d'une année, germent, fleurissent, portent graine et meurent; *plantes bisannuelles*, celles qui durent deux ans, et *plantes vivaces*, tous les végétaux qui persistent au delà de trois ans, soit qu'ils perdent ou non chaque année leurs feuilles ou leurs tiges.

Les arbrisseaux, tels que grenadiers, lauriers-roses, orangers, myrthes, rosiers, rhododendrons etc., etc., comportent au contraire un système de culture suivi, et l'on peut avec des soins les voir fleurir chaque année et prendre de la force.

Pendant l'hiver, on peut laisser dehors (en enfonçant les pots en terre) tous ceux indiqués comme étant de pleine terre; mais il faut rentrer dans l'appartement, ou mieux dans une serre ou tout autre lieu suffisamment éclairé et où la gelée ne se fasse pas sentir, tous ceux indiqués comme étant de serre tempérée.

Cependant, le plus souvent, on ferait mieux de les confier aux soins d'un horticulteur, qui est pourvu de tous les moyens d'abri nécessaires. Car certaines plantes, telles que les camellias, les ericas, les géraniums et les plantes de serre chaude, sont souvent perdues après la floraison, faute d'être placées dans les conditions favorables à leur conservation.

Presque toutes les plantes de serre peuvent passer plusieurs mois de l'année à l'air libre. Bien qu'il ne soit pas possible de déterminer d'une manière précise l'époque de sortir et de rentrer les plantes, on peut dire que sous le climat de Paris on sort ordinairement celles de serre tempérée dans la première quinzaine de mai, et celles de serre chaude dans la seconde quinzaine du même mois, puis on les rentre vers le quinze de septembre.

Dans la seconde quinzaine d'octobre seulement, on rentre celles de serre tempérée, qui, plus rustique, peuvent rester plus longtemps dehors. Comme dans le chapitre *Culture et description des végétaux apportés sur les marchées aux fleurs*, qui termine ce volume, nous indiquerons la culture de chacun des végétaux qui y sont décrits, nous ne croyons pas nécessaire de nous étendre plus longuement sur ce sujet.

CHAPITRE VI.

CALENDRIER HORTICOLE.

JANVIER.

En tout temps, la conservation des plantes dans les appartements exige de grands soins et offre beaucoup de difficultés. A cette époque de l'année, elle est plus difficile encore; car le plus grand nombre de plantes en fleurs qu'on achète, a été chauffé, et il est facile de comprendre que le changement brusque de température qu'elles subissent en passant des serres de l'horticulteur qui les a vendues, dans un appartement plus froid, doit leur être très préjudiciable.

Les conditions essentielles pour les conserver le plus longtemps possible en bon état, consistent à les placer dans l'appartement, de manière qu'elles reçoivent la lumière le plus directement possible;

Entretenir la température entre dix et douze degrés, et avoir soin de renouveler l'air vers le milieu de la journée, à moins que le froid ne soit trop rigoureux;

Tenir les plantes dans un grand état de propreté, au moyen de légers bassinages et à les arroser de manière que la terre soit toujours fraîche, sans être humide.

Enfin, l'eau qu'on emploie doit, autant que possible, être au même degré de température que l'appartement.

Plantes en fleurs apportées sur les marchés.

Première quinzaine.

Azalea liliflora.
— phœnicea.
Amomum avec fruits.
Bruyère du Cap (phylica).
Camellia blanc.
— panaché.
— imperialis.
— pœoniflora.
— pomponia.
— imbricata.
Cyclamens.
Crocus de Hollande.
Coronilla glauca.
Cineraires, plus. var.
Chorozemas.
Diosma ambigua.
Daphné dauphin.
Erica campanulata.
— gracilis.
— — vernalis.
— hyemalis.
— ignescens.
— linneana superba.
— linneoides.
— mediterranea.
Erica polytrichifolia.
— pyrolæflora alba.
— — rosea.
— wilmoreana.
Epacris impressa.
Giroflée jaune simple.
— rouge.
Habrothamnus elegans.
Héliotrope odorant.
— d'hiver (tussilage).
Jacinthes simples blanches.
— de Hollande, plus. var.
Jasmin d'Espagne.
Justicia velutina.
Lilas en fleurs.
Laurier-tin.
Mahonia.
Metrosideros lophanta.
Marguerites blanches (chr. frutescens).
Mimosa dealbata.
Narcisse de Constantinople.
Orangers en fleurs.
— myrte avec fruits.

Primevère de la Chine.
Pittosporum undulatum.
Pensée.
Réséda en arbre.
Rosier du Bengale.
Thlaspi vivace.
Tulipe hâtive.
Violette de Parme.

Deuxième quinzaine.

Les mêmes plantes, plus des Jacinthes de Paris.

Plantes grimpantes.

Aristoloche (en pot).
Clématite.
Chevrefeuille.
Jasmin blanc.
Lierre.
Vigne vierge.

Plantes à bordures.

Buis.
Mignardises.
Staticée.
Thym.

Arbres et Arbustes à feuilles caduques.

Arbres fruitiers (tous les).
Arbustes d'agrément (tous les).
Rosiers francs de pied et greffés.

Arbrisseaux à feuillage persistant.

Aucubas.
Alaternes.
Cyprès.
Cèdres de Virginie.
Epiceas.
Lauriers-amande.
Ifs.
Pins du lord.
Romarins.
Rhododendrons.
Thuyas.

Plants.

Fleurs.

Campanules.
Coquelourdes.
Digitales.
Giroflées jaune.
Hellébore (rose de Noël).
Jacinthes en végétation.
Lis blanc.
OEillets de poëte.
Pensées.
Pivoines herbacées.

Graines à semer dans le courant du mois.

Légumes.

Carottes de Hollande (sur couche).
Concombres (sur couche).
Melons (sur couche).
Haricots de Hollande (sur couche).
Pois hâtifs (sur couche).
Poireau (sur couche).
Radis rose hâtif (sur couche).

Deuxième quinzaine.

Fèves hâtives (à bonne exposition).
Pois hâtifs (à bonne exposition).

Fleurs.

Pervenches (sur couche).
Sensitives (sur couche).

FÉVRIER.

Les soins à donner aux plantes dans le cours de ce mois diffèrent peu de ceux qu'elles réclamaient dans le mois précédent. Il y a cependant quelques fleurs de saison qui font exception ; ce sont : les Hellébores, les Hépatiques, les Pâquerettes, les Perce-neige, les Violettes, etc., qui s'accommodent de toute température.

Comme le froid est devenu moins rigoureux, et que le soleil, ayant pris de la force, permet d'ouvrir les fenêtres pendant quelques heures du jour, on peut laisser les végétaux placés dans l'appartement, jouir de ces bienfaisantes influences.

Il faut seulement avoir grand soin de les soustraire au froid du soir et aux fraîches matinées, qui, en suspendant la végétation, pourraient leur causer un grand préjudice.

Pendant les journées couvertes et brumeuses, il faut ne leur donner d'air qu'avec la plus grande réserve, et les arrosements doivent toujours être modérés et faits avec de l'eau dont la température soit de peu inférieure à celle du milieu qu'occupent les végétaux auxquels elle est destinée.

On ne doit point déroger, à une époque où la santé des plantes réclame plus d'attention, aux soins de propreté qu'elles exigent. Leur feuillage, terni par la poussière, doit être nettoyé par de petits bassinages, pour faciliter la respiration du végétal, et quelques petits binages superficiels ouvrent le sol aux influences de la chaleur qui entretient leur vie.

Plantes en fleurs apportées sur les marchés.

Azalea liliflora.
— phœnicea.
Amomum avec fruits.
Bruyère du Cap (phylica).
Camellia blanc.
— panaché.
— pomponia.
— pœoniflora.
— imperialis.
— imbricata.
Crocus de Hollande.
Cyclamens.
Chorozemas.
Cinéraires, plus. var.
Coronilla glauca.
Correas, plus. var.
Daphné-dauphin.
— indica.
Diosma ambigua.
Erica campanulata.
— gracilis.
— — vernalis.

Erica hyemalis.
— linneana superba.
— linneoides.
— mediterranea.
— persoluta alba.
— — rosea.
— wilmoreana.
Epacris impressa.
Giroflée jaune simple.
— rouge.
Habrothamnus fasciculatus.
Héliotrope odorant.
— d'hiver (tussilage).
Hépatiques rose, blanche et bleue.
Jacinthes blanches simples.
— de Hollande.
— de Paris.
Justicia velutina.
Lilas en fleurs.
Lilas sans fleurs.
Laurier-tin.
Metrosideros lophanta.
Marguerites blanches (chr. frutescens).
Mimosa dealbata.
Orangers en fleurs.
— myrthe.
Perce-Neige.
Primevère de la Chine.
Pittosporum undulatum.
Rhododendrons de pleine terre.
Rosier du Bengale.
— pompon.
Réséda en arbre.
Tulipes hâtives.
Thlaspi vivace.
Violette des quatre saisons.
— de Parme.

Plantes grimpantes.

Aristoloche (en pot).
Clématite.
Chevrefeuille.
Houblon.
Jasmin blanc,
Lierre.
Vigne vierge.

Plantes à bordures.

Buis.
Mignardises.
Primevères.
Pâquerettes.
Staticée.
Thym.
Violettes.

Arbres et Arbustes à feuilles caduques.

Arbres fruitiers (tous les).
Arbustes d'agrément (tous les).
Rosiers francs, de pied et greffés.

Arbrisseaux à feuillage persistant.

Aucubas.
Alaternes.
Cyprès.
Cèdres de Virginie.
Epiceas.
Lauriers amande.
Lauriers de Portugal.
Ifs.
Pin du lord.
Romarin.
Rhododendrons.
Thuyas.

Plants.

Légumes.

Choux pommés.
Choux fleurs.
Ognon blanc.
Oseille.
Romaines.

Fleurs.

Campanules.
Coquelourdes.
Digitales.
Giroflées jaunes.
Hellébore (rose de Noël).
Jacinthes en végétation.
OEillets de poëte.
Pensées.
Pivoines herbacées.
Roses trémières.
Thlaspi.

Graines à semer dans le courant du mois.

Légumes.

Carottes de Hollande (sur couche).
Concombres (sur couche).
Céleri (sur couche).
Raves (sur couche).
Choux rouges (sur couche).
Chicorée sauvage (sur couche).
Cerfeuil.
Epinard.
Fèves.
Laitues à couper.
Melons (sur couche).
Panais.
Piments (sur couche).
Pimprenelle.
Pois.
Radis rose (sur couche).
Salsifis.
Scorsonères.

Deuxième quinzaine.

Aubergines (sur couche).
Carottes.
Choux de Milan.
— de Bruxelles.
Ciboule.
Ognons (tous les).
Poireau.
Pomme de terre hâtive.
Tétragone (sur couche).

Fleurs.

Adonides.
Coréopsis.
Chrysanthèmes (sur couche).
Julienne de Mahon.
Nigelles.
Pavots.
Patunia (sur couche).
Pervenches (sur couche).
Pieds d'alouette.
Réséda.
Sensitives (sur couche).
Thlaspi.
Verveines (sur couches).

MARS.

Les plantes cultivées dans les appartements exigent encore de grands soins; car, indépendamment des arrosements qui doivent avoir lieu le matin seulement, en raison de la fraîcheur des nuits, il faut continuer de les entretenir dans un grand état de propreté au moyen de bassinages, leur donner de l'air pendant le jour, et avoir soin de les garantir des rayons directs du soleil.

C'est l'époque de planter les plantes vivaces ; car si l'on attend qu'elles soient en fleurs pour les acheter, comme, une fois arrivées à ce point, elles n'ont plus qu'une durée bornée, on n'en jouit pas aussi longtemps.

On commence à semer en pleine terre ou en

caisse les graines de plantes grimpantes, telles que Capucines, Pois de senteur, Volubilis (on ne doit semer les Haricots d'Espagne qu'en mai); les plantes à bordures, telles que Belles de jour, Cynoglosse à feuilles de lin, Crepis rose, Collinsia bicolor, Giroflée de Mabon, Pied d'alouette, Schizanthus, Silène à fleurs rose; les Adonides d'été, Balsamines, Belles de nuit, Coreopsis, Lavatères, Malopes, Nigelles, Résédas, Thlaspis, Reine Marguerites, Œillets de Chine, Giroflées-quarantaine, Zinnias, etc.

Plantes en fleurs apportées sur les marchés.

Première quinzaine.

Azalea liliflora.
— phœnicea.
Amaryllis reginæ, à fleurs pourpres.
Bruyère du Cap (phylica)
Camellia blanc.
— panaché.
— pomponia.
— pœoniflora.
— imperialis.
— imbricata.
Cactus serpentaire (flagelliformis).
Correas, plus. var.
Cyclamens.
Chorozemas.
Coronilla glauca.
Daphné-dauphin.
— indica.
Diosma ambigua.
Erica blanda.
— campanulata.
— cuprussina.
— cylindrica.
— gracilis vernalis.
— hyemalis.
— intermedia.
— linneana superba.
— linneoides.
— mammosa.
— mediterranea.
— pyramidalis.
— plumosa.
— persoluta alba.

Erica Persoluta rosea.
— regerminans.
— tubiflora.
— translucens.
— versicolor.
— wilmoreana.
Epacris impressa.
— paludosa.
— campanulata.
Giroflée jaune simple.
— rouge.
— blanche.
Habrothamnus fasiculatus.
Héliotrope odorant.
Hépatiques rose, blanche et bleue.
Jacinthes de Hollande.
— de Paris.
Justicia velutina.
Laurier-tin.
Lilas en fleurs.
Leschenaultia formosa.
Mimosa dealbata.
— longifolia.
— paradoxa.
Marguerites blanches (chr. frutescens).
Metrosideros lophanta
Oreille d'ours (auricule).
Primevère de la Chine.
Pulmonaire de Virginie.
Pittosporum undulatum.
Rhododendrons de pleine terre et en arbre.
Rosier du Bengale.
— — pompon.
Sparmannia Africana.
Saxifrage de Sibérie.
Thlaspi vivace.
Tulipe hâtive.
Violette des quatre saisons.
— de Parme.

Deuxième quinzaine.

Les mêmes plantes, plus des Rosiers du roi et des giroflées-cocardeau.

Plantes grimpantes.

Aristoloche en pot.
Clématite.
Chvrefeuille.
Jasmin blanc.
Jasmin de Virginie.
Houblon.
Lierre.
Vigne vierge.

Plantes à bordures.

Buis.
Cynoglosse omphalodes.
Corbeille d'or (alyssum).
Doronic du Caucase.
Iris naines.
Mignardises.
Oreilles d'ours (auricule).
Œillets d'Espagne.
Paquerettes.
Phlox subulé.
Primevères.
Saxifrage mousse.
Staticée.
Tourette printanière.
Thym.
Violettes.

Arbres et Arbustes à feuilles caduques.

Encore quelques Arbres fruitiers et quelques Arbustes d'agrément; puis en pot des Rosiers francs de pied et greffés, des Lilas et des Corchorus (Spirée de Japon), également en pot.

Arbrisseaux à feuillage persistant.

Aucubas.
Alaternes.
Cyprès.
Cèdres de Virginie.
Epiceas.
Ifs.
Lauriers-amande.
Lauriers de Portugal.
— franc (à sauce).
Pins du lord.
Rhododendrons.
Romarin.
Thuyas.

Plants.

Légumes.

Asperges.
Choux pommés.
Choux-fleurs.
Fraisiers.
Laitues.
Ognon blanc.
Oseille.
Poireau.
Romaines.

Fleurs.

Achillées.
Aconits.
Ancolies.
Bouton d'or.
Campanules.
Croix de Jérusalem.
Coreopsis.
Corbeille d'or.
Coquelourdes.
Chrysanthèmes.
Digitales.
Dracocéphale d'Autriche.
Galega officinal.
Hemerocallejauneetfauve.
Iris d'Allemagne.
Jacées.
Jacinthes en végétation.
Julienne.
Lin vivace.
Lis blanc.
Muguet (racines).
Mufliers.
OEillet variés.
— de poëte.
Pensées.
Phlox.
Pervenche grande.
Pivoines herbacées.
Roses Tremières.
Scabieuses.
Saxifrage de Sibérie.
Thlaspi.
Valerianes.
Véronique à épis.
Verge d'or.

Graines à semer dans le courant du mois.

Légumes.

Belledame.
Concombres (sur couche).
Carottes (toutes les).
Chicorée sauvage.
Choux rouges.
— pommé Saint Denis.
— de Milan.
— de Bruxelles.
Ciboules.
Cresson alénois.
Epinards.
Fèves.
Melons (sur couche).
Ognons (tous les).
Panais.
Piments (sur couche).
Persil.
Poireau.
Pommes de terre (toutes les).
Pois (tous les).
Radis rose.
Salsifis.
Scorsonères.
Tétragone (sur couche),

Deuxième quinzaine.

Céleri à couper.
Cerfeuil.
Choux quintal.
— de Poméranie.
Laitues (toutes les).
Romaines blondes.
— grises.
Tomates (sur couche).

Fleurs.

Moins la pervenche, les pieds d'alouette et les pavots, on sème toutes les plantes annuelles du mois de février, plus des

Amarantoïdes (sur couche).
Amarantes (sur couche).
Balsamines (sur couche).
Calcéolaires (sur couche).
Crepis rose.
Cynoglosse.
Dahlia (sur couche).
Glaciale (sur couche).
Giroflées quarantaine (sur couche).
— jaune.
Martynia (sur couehe).
Malopes.
Mauves.
OEillets de Chine.
Pois de senteur.
Pelargoniums.
Reine-Marguerite.
Rhodanthe (sur couche).
Seneçon des Indes (sur couche).
Zinnia (sur couche).

AVRIL.

Excepté quelques plantes vivaces, les plantes en fleur qu'on trouve sur les marchés sortent des serres ou des châssis, et elles ne peuvent pas, sans qu'on risque de les perdre, rester encore dehors.

Il faut, au contraire, beaucoup de surveillance pour les conserver ; car souvent les matinées sont fraîches: il fait doux pendant le jour et il gèle la nuit; il faut donc donner aux plantes beaucoup d'air pendant le jour, en ayant soin toutefois de ne pas les laisser exposées aux rayons directs du soleil; et les rentrer le soir. Continuer de les arroser, au besoin, le matin seulement, et les tenir dans un grand état de propreté.

On peut commencer à planter en pleine terre ou en caisse les Cobeas (comme il faut semer les Cobeas sur couche très-chaude, il vaut mieux les acheter tout élevés) et autres plantes grimpantes, du Réséda, qu'on trouve sur les marchés par potée sans être en fleur.

On repique en place les jeunes plants élevés sur couche; on continue aussi de mettre en place les plantes vivaces, de faire des semis de plantes à bordures, de plantes grimpantes et de plantes annuelles.

Plantes en fleurs apportées sur les marchés.

Première quinzaine.

Azalea liliflora.
— phœnicea.
— de pleine terre, plus. var.
Amaryllis reginæ, fl. rouge.
Arum d'Ethiopie.
Bruyère du Cap (phylica).
Camellia blanc.
Camellia pomponia.
— panaché.
— pœoniflora.
— imbricata.
Cactus (serpentaire) flagelliformis.
Cinéraires.
Coronilla glauca.

Cyclamens.
Crocus.
Chorozemas.
Cynoglosse omphalodes.
Correas.
Daphné-dauphin.
— thymelée.
Diosma ambigua.
Dodecatheon de Virginie.
Erica baccans.
— blanda.
— cylindrica.
— triennalis.
— ignescens.
— linneana superba.
— linneoides.
— mediterranea.
— persoluta alba.
— — rosea.
— — rubra.
— regerminans.
— tubiflora.
— translucens.
— ventricosa porcellana.
— versicolor.
— wilmoreana.
Epacris impressa.
— paludosa.
— campanulata.
Euphorbia splendens.
Ficoide blanche.
Geraniums (quelques-uns)
Giroflée jaune.
— rouge.
Habrothamnus fasciculatus
Héliotrope du Pérou.
Hortensia (sans fleurs).
Hépatiques.
Jacinthes.
Jonquille.
Justicia velutina.
Kalmia latifolia.
Lilas en fleurs.
Laurier-tin.
Leschenaultia formosa.
Marguerites blanches (chr. frutescens).
Metrosideros lophanta.
Mimosa longifolia.
— paradoxa.
Mahonia.
Nemophylla insignis.
Narcisse jaune double.
Oreilles d'ours (auricule).
Orangers.
Pittosporum undulatum.
Pimelea decussata.
Primevère de la Chine.
— des jardins.
Pensée.
Pulmonaire de Virginie.
Rosier du Bengale.
— du roi.
— de Bancks jaune.
Rhododendrum arboreum.
— de pleine terre.
Réséda.
Saxifrage de Sibérie.
Sparmannia africana.
Thlaspi vivace.

Tulipes hâtives.
Violette des quatre saisons.

Deuxième quinzaine.

Moins les Crocus, les Bruyères et les Primevères de la Chine, les mêmes plantes, plus :

Cactus (epiphyllum) Ackermanii.
Clianthus puniceus.
Clematite bicolore.
Couronnes impériales.
Capucine double.
Diosma cordata.
Fuchsia fulgens.
Gardenia florida.
Gnidia oppositifolia.
Giroflée jaune double.
Laurier-rose double.
Magnolia yulan.
Mimosa longifolia.
Mimulus guttatus.
Narcisse blanc.
Polygala speciosa.
Pivoine en arbre.
Pimelea spectabilis.
Petunia violet.
Stevia serrata.
Verveines variées.

Plantes à bordures.

Buis.
Cynoglosse omphalodes.
Corbeille d'or (alyssum).
Doronic du Caucase.
Iris naine.
Mignardises.
OEillets d'Espagne.
Oreilles d'ours (auricule).
Paquerettes.
Primevères.
Phlox subulé.
Statice.
Saxifrage mousse.
Tourette printanière.
Thym.
Violettes.

Deuxième quinzaine.

Moins les Primevères qui sont trop avancées, les Doronics et les Tourettes, les mêmes plantes; plus des Oreilles d'ours en fleurs.

Plantes grimpantes.

Aristoloche en pot.
Cobea.
Clematites.
Capucines.
Chèvrefeuille.
Haricots d'Espagne.
Houblon.
Jasmin blanc.
— de Virginie.
Lierre.
Pois de senteur.
Vigne vierge.
Volubilis.

Arbres et Arbustes à feuilles caduques.

Encore quelques arbres fruitiers en pot, des Cérisiers, Figuiers, Groseilliers, Pruniers, etc. également en pot: des Chamæcerasus, Symphoricarpos, Seringas odorants, Lilas, Rosiers francs de pied et greffés, Corchorus (Spirée du Japon), Pyrus japonica, Ribes sanguineum.

Arbrisseaux à feuillage persistant.

Aucubas.
Alaternes.
Cyprès.
Cèdres de Virginie.
Epiceas.
Ifs.
Laurier-amande.
Laurier de Portugal.
— francs.
Pins du lord.
Rhododendrons.
Romarin.
Thuyas.

Plants.

Légumes.
Artichauts.
Asperges.
Aubergines.

Civettes.
Choux de Milan.
— de Bruxelles.
Choux-fleurs.
Estragon.
Fraisiers.
Laitues.
Poireau.
Romaines.
Tomates.

Fleurs.

Toutes les plantes vivaces du mois de mars, plus des tubercules de Dahlia.

Graines à semer dans le courant du mois.

Légumes.

Basilic (sur couche).
Brocoli violet.
Concombres (sur couche).
Carottes (toutes les).
Choux de Milan.
— pommés de St-Denis.
— de Poméranie.
— de Bruxelles.
Chicorée sauvage.
— fine d'Italie (sur couche).
Cerfeuil.
Céleri à couper.
Epinards.
Laitues (toutes les).
Melons (sur couche).
Ognon blanc.
Oseille.
Potirons (sur couche).
Pois (tous les).
Pommes de terre.
Radis.
Romaines (toutes les).
Tétragone.

Deuxieme quinzaine.

Betteraves.
Choux-fleurs.
Tétragones en place.

Fleurs.

Moins les Calcéolaires, Coréopsis, Dahlias, Martynias, Petunias, Pelargoniums, Rhodanthes, Thlaspis et les Verveines. On sème toutes les plantes annuelles du mois de mars, plus des Belles de nuit.
Capucines.
Haricots d'Espagne.
Lupins annuels.
OEillets variés.
— d'Inde.
Rose d'Inde.
Volubilis.

MAI.

L'état de la température des premiers jours du mois ne permet pas encore de sortir les plantes de serre, celles en fleurs surtout. Ce n'est que dans la seconde quinzaine qu'on peut commencer à les laisser dehors; ce qui n'empêche pas qu'on ne puisse en conserver dans les appartements; il faut seulement leur donner beaucoup d'air pendant le jour, et les mettre dehors pendant la nuit.

On arrose, au besoin, le matin seulement; on bassine de temps en temps pour raffraîchir les plantes et enlever la poussière qui s'attache sur les feuilles; enfin, on a soin de garantir des rayons directs du soleil celles qui sont en fleur.

Pendant ce mois, on trouve sur les marchés des rosiers en boutons, dont on jouit plus longtemps que lorsqu'on les achète en fleur; il faut seulement avoir grand soin, si on veut les mettre en pleine terre, de ne pas déranger les racines en les retirant des pots.

Arrivé à cette époque, on peut également planter en pleine terre les Héliotropes, les Hortensias, les Geraniums rouges, les Petunias et les Verveines; mais, pour en jouir longtemps, il faut prendre de préférence de jeunes plantes qui n'aient pas encore fleuri ; car, une fois reprises, elles végètent et fleurissent sans interruption jusqu'aux gelées.

On continue de semer les graines de plantes grimpantes ; on sème les premiers Haricots d'Espagne, les plantes à bordures, les Lupins et toutes les plantes annuelles.

Plantes en fleurs apportées sur les marchés.

Première quinzaine.

Aloës.
Azalea liliflora.
— phœniceum.
Ancolies de pleine terre et du Canada.
Aspérule odorante.
Abutilon striatum.
Arum d'Ethiopie.
Basilic fin vert.
Bouton d'or.
— d'argent.
Convolvulus cneorum.
Capucines doubles.
Clianthus puniceus.
Cinéraires.
Corbeille d'or (alyssum).
Coronilla glauca.
Cactus (epiphyllum) Ackermani.
— (serpentaire) flagelliformis.
Chorozemas.
Crinum amabile.
Deutzia scabra.
Diosma cordata.
Daphné thymelée.
Dodécathéon de Virginie.
Erica baccans.
— cylindrica.
— perspicua nana.
— persoluta alba.
— — rosea.
— — rubra.
— translucens.
— ventricosa porcellana.
Epacris.
Euphorbia splendens.
Fabiana.
Ficoïde rose.
— jaune.
Fuchsia fulgens.
Fraisiers avec fleurs et fruits.

Géranium rouge.
— variés.
Gentiana acaulis.
Gnidia oppositifolia.
Gardenia florida.
Giroflée jaune simple.
— — double.
— rouge.
— blanche.
— quarantaine rouge.
— — blanche.
— — rose.
— — violette.
Héliotrope du Pérou.
Hydrangea japonica.
Hortensia (sans fleurs).
Habrothamnus fasciculatus.
Justicia velutina.
Jasmin blanc en fleurs.
Kalmia latifolia.
Lilas, floraison naturelle.
Laurier-tin.
— rose.
Lechenaultia formosa.
Magnolia grandiflora.
Mimosa paradoxa.
Mimulus guttatus.
— musqué.
Marguerites blanches (Ch. frutescens.)
Metrosideros lophania,
Myrte en fleur.
Mahonia.
Narcisse blanc double.
Orangers.
Oreilles d'ours (auricule).
Polygala speciosa.
Pivoine en arbre.
Pimelea decussata.
— spectabilis.
Petunia blanc et violet.
Pultenea daphnoides.
Pensée.
Pittosporum undulatum.
Rhododendrum arboreum.
— de pleine terre.
Rosier Bengale.
— — pompon.
— du roi.
— des 4 saisons.
— de Bancks jaune.
— cuisse de Nymphe.
Renoncules variées.
— pivoine rouge.
Réséda.
Stephanotis floribunda.
Stevia serrata.
Sparmannia africana.
Tulipes hâtives.
— dragonne.
— fond blanc.
Tillandsia pyramidalis
Volkameria du Japon.
Verveines variées.
Violette des 4 saisons.

Deuxième quinzaine.

Les mêmes plantes, plus :

Adonide d'été.
Anemones variées.
Azalea plus. var.
Belle-de-jour.
Campanula glomerata.
Calcéolaires.
Cistus purpureus.
Fuchsia varié.
Fraxinelle
Gladiolus ramosus.
Gorteria ringens.
Hortensia en fleurs.
Iris d'Allemagne.
Jacée à fleur double.
Lupins annuels.
— vivaces.
Mimulus musqué.
Myosotis.
Pervenche de Madagascar.
Pivoine rouge officinale.
Rhodanthes manglesii.
Rosier unique panaché.
— des 4 saisons.
— pompon.
Rhododendrons de pleine terre (floraison naturelle).
Spirea aruncus.
Scille du Pérou.

Plantes à bordure.

Iris naine.
Oreilles d'ours (auricule).
OEillets d'Espagne.
Phlox subulé.
Saxifrage mousse.
Statice.
Thym.
Violettes.

Plantes grimpantes.

Aristoloches.
Cobéas.
Chèvrefeuilles.
Clématites.
Capucines.
Houblons.
Haricots d'Espagne.
Jasmin blanc.
— de Virginie.
Lierre.
Volubilis.
Pois de senteur.
Vigne vierge.

Arbres et Arbustes à feuilles caduques.

Cerisiers.
Figuiers.
Groseilliers.
Pommiers.
Camecérasus.
Chèvrefeuilles en boule.
Corcorus (Spirée du Japon)

Boules de neige.
Genêts à fleurs blanches.
Spiréas ulmifolia.
Seringas odorants.
Simphoricarpos.
Rosiers francs, de pied et greffés.

Arbrisseaux à feuillage persistant.

Aucubas.
Alaternes.
Cyprès.
Lauriers-amande.

Lauriers franc.
Romarins.
Thuyas.

Plants.

Légumes.

Artichauts.
Aubergines.
Choux de Milan.
— de Bruxelles.
Concombres.
Cornichons.

Chicorée fine d'Italie.
Estragon.
Laitues.
Piments.
Potirons.
Romaines.
Tomates.

Fleurs. On trouve encore quelques plantes vivaces, plus des

Amarantoïdes.
Balsamines.
Giroflées quarantaine.
Mauves.
OEillets de Chine.
— d'Inde.

Reines-Marguerite.
Renoncules variées.
Rose d'Inde.
Seneçon des Indes.
Zinnia.

Graines à semer dans le courant du mois.

Légumes.

Betteraves.
Carottes hâtives.
Cardons.
Cerfeuil.
Céleri.
Chicorée fine d'Italie (sur couche).
Cornichon (sur couche).
Choux de Milan.
— de Bruxelles.
— de Poméranie.
Epinard.
Fraisiers.
Haricots (tous les).
Laitues (toutes les).
Melons (sur couche).
Navets hâtifs.
Ognon blanc.
Pourpier.
Radis rose.
— noir.
Romaines (toutes les).
Scaroles (sur couche).

Deuxième quinzaine.

Choux à grosses côtes.
Choux-raves.
Choux-navets.
Navets de Suède, rutabaga.

Fleurs. Moins les Balsamines, les Belles-de-nuit, la Glaciale, les Malopes, les Mauves, les Œillets variés et les Zinnias, on sème toutes les plantes annuelles du mois d'avril.

JUIN.

Pour que les plantes souffrent le moins possible de la transplantation, il faut les acheter de préférence le matin, celles en mottes surtout; les déposer dans un lieu frais, les bassiner légèrement, et les planter le soir; ou bien, si on les plante dans le courant de la journée, on verse de l'eau au fond du trou avant de planter, à moins que la terre ne soit déjà fraiche ou le temps à la pluie. Mais, quel que soit l'état de la température, il faut, après la plantation, arroser les plantes au pied.

Pour conserver les plantes en pot qu'on achète pendant l'été, il faut les mettre à une exposition ombragée ou les garantir des rayons brûlants du soleil, enfoncer les pots dans la terre ; ou bien, si on les plante dans des vases ou dans une jardinière, les garnir avec de la mousse, que l'on a soin de tenir toujours humide; puis, indépendamment des arrosements au pied, on les bassine le soir avec un arrosoir à pomme.

Pour conserver celles que l'on place isolément sur une fenêtre ou sur un balcon, il faut avoir soin de ne jamais les laisser exposées au grand soleil ; et, pour être certain que la terre est suffisamment humide, on place chaque pot sur une assiette ou sur une soucoupe remplie d'eau.

On continue les semis de plantes annuelles et on sème toutes les plantes vivaces, telles que : Ancolie, Aconit, Campanules, Croix de Jérusalem, Coquelourdes, Digitales, Giroflée jaune, Œillet de poëte, Phlox, Primevères, Pieds d'alouette vivace, Roses tremières, etc.

Plants en fleurs apportées sur les marchés.

Première quinzaine.

Ancolies, plus. var.
Adonide d'été.
Aconit napel.
Abutilon striatum.
Balsamines.
Belles de jour.
Basilics.
Cinéraires.
Convolvulus cneorum.
Cactus speciosissimus.
— (epiphyllum) Ackermani.
— (epiphyllum) speciosum.
— (serpentaire) flagelliformis.
— (echinocactus) sulcatus.
Chorozemas.
Calceolaires.
Colinsia bicolor.
Clianthus puniceus.
Croix de Jérusalem.
Crassula.
Coreopsis Drummondii.
Cistus purpureus.
Campanule glomerata.
— persicifolia.
— carpatica.
Dahlias variés.
Delphinium azureum.
Diosma cordata.
Erodium à fleur bleue.
Erica baccans.
— cupressina.
— persoluta alba.
— — rosea.
— — rubra.
— ventricosa porcellana.
Fuchsias.
Fabiana.
Ficoides rose.
— jaune.
— violette.
Fraisiers avec fleurs et fruits
Gardenia florida.
G. quarantaine rouge.
— blanche.
— rose.
— violette.
Glaieul perroquet.
— ramosus.
Gloxinias.
Géranium rouge.
— variés.
Hydrangea japonica.
Hortensias.
Hémerocalle jaune (lis jaune).
Héliotropes du Pérou.
Ixora coccinea.
Iris d'Allemagne.

Jasmin blanc.
Julienne blanche et violette.
Justicia velutina.
Kalmia latifolia (floraison naturelle).
Lupins annuels.
— vivaces.
Lauriers-rose.
Lychnis grandiflora.
Leschenaultia formosa.
Marguerites blanches (ch. frutescens)
Myrtes en fleurs.
Métrosideros lophanta.
Mufliers.
Malopes.
Magnolias grandiflora.
Mimulus guttatus.
— musqué.
Myosotis.
Mignardises.
Noyer des Indes.
Nigelles de Damas.
OEillets des fleuristes.
— de poëte.
Orangers.
Pimelia decussata.
Pittosporum undulatum.
Pensées.
Petunia blanc et violet.
Phlox.
Pervenches de Madagascar.
Pivoine blanche de la Ch.
— rose (humea).
Polygala speciosa.
Phacelia congesta.
Rhodanthes Manglesii.
Rhododendrum de pleine terre.
Renoncules variées.
Résédas.
Rosiers du Bengale.
— des 4 saisons.
— du roi.
— cent feuilles.
— Maria Leonida.
— multiflora.
— beaucoup de rosiers remontants.
Siphocampylos bicolor.
Staticea tartarica.
Stephanotes floribunda.
Sparmania africana.
Spirea aruncus.
Stevia serrata.
Volkameria japonica.
Verveines variées.
Violetté marine.

Deuxième quinzaine.

Les mêmes plantes, plus :

Aubergine blanche (plante aux œufs).
Amarantoides.
Amarantes à crête.

Crinum americanum.
Cuphea miniata.
Enothera fructicosa.
— de Lindley.
Gaillardia picta.
Lis blanc.
orangé.
— martagon rouge.
Monarda didyma.
Myoporum parviflorum.
OEillet de Chine.
Pancratium Cariboeum.
Pentstemon gentianoides.
Veronique speciosa.
— à épis.

Plantes grimpantes.

Cobeas.
Capucines.
Clematites.
Haricots d'Espagne.
Passiflores bleues.
Pois de senteur.
Volubilis.

Arbres et Arbustes à feuilles caduques.

Cerisiers.
Figuiers.
Groseilliers.
Camicerasus.
Chevrefeuilles en boule.
Boules de neige.
Seringas odorants.
Simphoricarpos.

Arbrisseaux à feuillage persistant.

Aucuba.
Alaterne.
Cyprès.
Laurier-amande.
Laurier franc.
Romarin.
Thuyas.

Plants.

Légumes.
Artichauts.
Aubergines.
Choux de Milan.
— de Bruxelles.
Choux-fleurs.
Céleri.
Chicorée fine d'Italie.
Concombres.
Cornichons.

Laitues.
Piments.
Potirons.
Poireau.
Romaines.
Scaroles.
Tomates.

Fleurs. Toutes les plantes du mois de mai, plus les Belles de Nuit.

Graines à semer dans le courant du mois.

Légumes.

Carottes hâtives.
Cerfeuil.
Choux de Milan.
— à grosses côtes.
— de Bruxelles.
— de Vaugirard.
— Navets.
— Navets de Suède, rutabaga.
Choux-fleurs.
Chicorée fine d'Italie (sur couche).
Haricots.
Laitues (toutes les).
Navets.
Ognon blanc.
Poirée à cardes.
Pourpier.
Radis rose.
— noir.
Romaines (toutes les).
Scaroles (sur couche).

Deuxiéme quinzaine.

Chicorée de Meaux.

Fleurs. Moins les Giroflés jaunes, grosses espèces et les Reines Marguerites, on sème toutes les plantes annuelles du moins de mai, plus des

Ancolies.
Aconits.
Croix de Jérusalem.
Coquelourdes.
Campanules.
Digitales.
OEillets de poëte.
Primevères.
Pieds d'alouette vivaces.
Phlox.
Roses trémières.

JUILLET.

Ce mois est un des plus riches en fleurs ; les marchés en sont si abondamment fournis, qu'on est souvent embarrassé de fixer son choix. Il vaut mieux, quand on achète des plantes en pots, qu'elles soient en boutons ou en fleurs, les laisser dans le vase qui les renferme ; car elles y ont passé toute une partie de leur vie, et il faut attendre, pour les transplanter, si elles sont vivaces, qu'elles aient passé fleur. Si l'on est cependant pressé de les transplanter dans des caisses, où elles doivent concourir à l'ornementation dont on aime à recréer sa vue, on peut les mettre en terre avec leurs pots, ou bien les dépoter avec précaution, sans déranger la terre qui est retenue en une masse compacte par un réseau de chevelus.

La transplantation doit, pour plus de sûreté, avoir lieu le soir, et des circonstances impérieuses seules peuvent nécessiter qu'elles soient plantées dans le milieu du jour. Celles achetées en mottes peuvent être mises en place le matin même, si on les a de bonne heure ; et si on ne peut les planter aussitôt après leur arrivée, il faut les déposer dans un endroit frais, et leur donner un peu d'eau pour les empêcher de se flétrir.

La terre dans laquelle on les plante doit être fraîche, et, dès qu'elles sont en place, il faut les arroser pour mettre la terre en contact avec les racines, et fournir l'eau suffisante pour qu'elles repoussent. Le matin, on arrose au pied et le soir on donne un ample bassinage avec l'arrosoir à pomme pour laver le feuillage et le rafraichir.

On fait les derniers semis de plantes annuelles.

Plantes en fleurs apportées sur les marchés.

Première quinzaine.

Aster alpinus.
Aconit Napel.
Aloés.
Adonides.
Amarantes à crête.
Abutilon striatum.
Aubergine blanche (plante aux œufs.)
Asclepias curassavica.
Achimenes.
Basilics.
Balsamines.
Belles de jour.
— de nuit.
Cactus (epiphyllum Ackermanii.)
Cactus (epiphyllum) speciosum.
— (echinocactus) sulcatus.
Cinéraires.
Convolvulus cneorum.
Coreopsis Drummundii.
Cistus purpureus.
Crassula.
Croix de Jérusalem à fleurs doubles.
Chorozemas.
Crinum americanum.
Calcéolaires.
Campanula carpatica.
— glomerata.

Campanula pyramidalis.
Dahlias.
Datura fastuosa.
— ceratocaula.
Delphinum azureum.
Diosma cordata.
Digitale pourpre.
Erica ventricosa porcellana.
Enothera fructicosa.
Fuchsia variés.
Fabiana.
Ficoides rose.
Gardenia florida.
Géraniums rouges.
— variés.
Giroflée quarantaine rouge.
— blanche.
— rose.
— violette.
Gaillardia picta.
Glaieul perroquet.
— gandavensis.
— ramosus.
— floribundus.
Gloxinias.
Hydrangea japonica.
Hemerocalle jaune (lis fauve)
Hortensias.
Héliotropes.
Ixora coccinea.
Jasmins blanc.
Justicia velutina.
Lupins annuels.
Lychnis grandiflora.
Lis-martagon rouge.
Leschenaultia formosa.
Laurier-rose.
Marguerites blanches (ch. frutescens).
Myrte.
Metrosideros lophanta.
Monarda didyma.
Mimulus musqué.
Muflier.
Malope à grande fleur.
Magnolia grandiflora.
Myoporum parviflorum.
Myosotis.
Nigelle de dames.
Noyer des Indes.
OEillets des fleuristes.
— de poètes.
— de Chine.
Orangers.
Pimelea decussata.
Phlox.
Pancratium caribæum.
Pentstemon gentianoides.
Polygala speciosa.
Petunia blanc et violet.
Pervenche de Madagascar.
Rhododendrons.
Réséda.
Reine Marguerite.
Rose trémière de la Chine.
Rosier du Bengale.
— du roi.
— Aimé Vibert.
— des 4 saisons.
— Maria-Leonida.

beaucoup de rosiers remontants.
Salvia patens.
Staticea tartarica.
Stephanotes floribunda.
Sparmania africana.
Siphocampylos bicolor.
Seneçon des Indes.
Stevia serrata.
Tillandsia pyramidalis.
Trachelium cœruleum.
Thlaspi blanc et violet.
Véronique à épis.
Volkameria japonica.
Verge d'or.
Zinnia elegans.

Deuxième quinzaine.

Moins les Métrosideros, les Pimeleas et Rhododendrons, les mêmes plantes, plus :

Agapanthe tubéreuse bleue.
Clethra arborea.
Coreopsis tinctoria.
Erythrina crista galli.
Glaciale.
Hybiscus rosa sinensis.
Jasmin-jonquille.
Lantana.
Matricaire mendiane.
Phlox grand.
Sensitive.
Sollya heterophylla.
Trachelium cœruleum.
Thumbergia blanc et jaune.

Plantes grimpantes.

Cobea.
Capucines.
Clématites.
Passiflore bleue.
Volubilis.

Arbrisseaux à feuillage persistant.

Aucubas.
Alaternes.
Cyprès.
Lauriers-amande.
Thuyas.

Plants.

Légumes.

Céleri.
Choux de Bruxelles.
— de Milan.
— de Vaugirard.
Choux-fleurs.
Chicorée de Meaux.
Laitues.
Romaines.
Scaroles.

Fleurs.

Amarantoïdes.
Balsamines.
Giroflées quarantaine.
OEillet d'Inde.
Reine-Marguerites.
Rose d'Inde.

Graines à semer dans le courant du mois.

Légumes.

Brocoli blanc.
Carottes hâtives.
Cerfeuil.
Chicorée de Meaux.
Haricots hâtifs.
Laitues (toutes les).
Pois hâtifs.
Pourpier.
Romaines (toutes les).
Radis rose.
— noir.
Raiponces.
Scaroles.

Fleurs. On sème les Cinéaires et les Lupins vivaces, puis on fait les derniers semis de plantes annuelles.

AOUT.

Nous répéterions pour ce mois ce que nous avons dit pour le mois précédent, si nous ne craignions de fatiguer notre lecteur par des redites; car, les soins à donner aux plantes sont absolument les mêmes, soit qu'on les laisse en pots ou qu'on les transplante. Nous rappellerons seulement que les soins à leur prodiguer sont proportionnés à la délicatesse de la plante et au milieu dans lequel elle a été élevée.

Le mois d'août, plus brûlant et plus aride que celui de juillet, oblige plus souvent à ombrager les plantes que dévorerait un soleil ardent, surtout quand on les a groupées le long des murs, d'une terrasse ou d'un balcon, 'contre lesquels les rayons, en se réfractant, produisent une chaleur intense. Des arrosements abondants, le matin et le soir, sont impérieusement nécessaires, pour conserver les végétaux qu'on à semés ou achetés en mottes.

Plantes en fleurs apportées sur les marchés.

Première quinzaine.

Aloës.
Aster alpinus.
Asclepias curassavica.
Agapanthe tubéreuse bleue.
Amaryllis-belladone.
— formosissima.
Amarante à crête.
Abutilon striatum.
Achimenes.
Balsamines.
Belle de jour.
— de nuit.
Basilics.
Bignonia capensis.
Cantua picta.
Chironia linifolia.
— decussata.
Cinéraires.

Crassula.
Coreopsis tinctoria.
Clethra arborea.
— alnifolia.
Chorozema.
Campanula carpatica.
— glomerata
— pyramidalis.
Calcéolaires.
Canna indica.
Coronilla glauca.
Crinum americanum.
Cactus (echinocactus) sulcatus.
Dahlias.
Datura arborea.
— fastuosa.
Datura ceratocaula.
Digitale pourpre.
Ercea boweana.
— blanda.
— cylindrica.
— hiemalis.
— ignescens.
— linneana superba.
— mammosa coccinea.
— — rosea.
— — purpurea.
— — verticillata.
— ventricosa porcellana.
Erythrina crista galli.
Ficoide blanche.
— rose.
Fuchsias.
Gardenia florida.
Glaïeul perroquet.
— gandavensis.
— ramosus.
— floribundus.
Grenadier des Antilles.
— à fl. doubles.
Géranium rouge.
— variés.
Giroflé grecque blanche.
Gloxinias.
Hortensia.
Héliotrope.
Hémérocalle du Japon.
Hibiscus rosa sinensis.
Ixora coccinea.
Justicia velutina.
Jasmin blanc.
Jasmins d'Espagne.
— des Açores.
— -jonquille.
Leschenaultia formosa.
Lilium lancifolium.
Laurier rose.
Lupin annuels.
Lychnis grandiflora.
Lantana.
Lobelia fulgens.
Malope à grandes fleurs.
Magnolia grandiflora.
Matricaire-mendiane.
Marguerites blanches (ch. frutescens).
Mimosa lophanta.
Myoporum parviflorum.
Mufliers.

Myrtes en fleurs.
Myosotis.
OEillet de Chine.
Orangers.
— myrte.
Pancratium cariboeum.
Pervenches de Madagascar.
Petunia.
Pentstemon gentinoides.
Phlox.
Phlomis leonorus.
Rochea falcata.
Réséda.
Reine Marguerite.
Rose tremière grande.
Rosier du Bengale.
— du roi.
— des 4 saisons.
Rosier Aimé Vibert.
beaucoup de rosiers remontants.
Sparmania africana.
Salvia fulgens.
— patens.
Sollya heterophylla.
Syphocampilosbicolor.
Stevia serrata.
Sensitive.
Staticea tartarica.
Trachelium cœruleum.
Tubereuse odorante.
Thumbergia blanc et jaune.
Volkameria japonica.
Verveines variées.
Yucca gloriosa.
Zinnia elegans.

Deuxième quinzaine.

Les mêmes plantes, plus :

Aster amellus.

Arbres fruitiers en pot.

Pommiers paradis.
Vigne chargée de fruits.

Arbrisseaux à feuillage persistant.

Alaternes.
Aucuba.
Cyprès.
Lauriers amande.
Thuyas.

Plants.

Légumes.	*Fleurs.*
Choux de Milan.	Amarantoïdes.
Choux fleurs.	Balsamine.
Chicorée de Meaux.	Chrysanthème.
Laitues.	OEillet d'Inde.
Scaroles.	Reine Marguerite.
	Rose d'Inde.

Graines à semer dans le courant du mois.

Légumes.

Cerfeuil.
Navets.
Pourpier.
Radis rose.
Salsifis.
Scorsonères.

Deuxième quinzaine.

Legumes.

Choux pommés hâtifs.
— — de St-Denis.
Epinard.
Laitue de Passion.
Ognon blanc.
Romaines d'hiver.

Fleurs.

Anémones.
Calcéolaires.
Cinéraires.
Giroflées grosse espèce.
— quarantaine.
Iris d'Allemagne.
Pensées.
Pelargonium.
Pivoines.
Renoncules.

SEPTEMBRE.

Indépendamment des plantes en fleurs, dont le nombre est encore considérable, on peut vers la fin du mois commencer la culture des ognons à fleurs dans les appartements, soit en pot ou dans des carafes remplies d'eau. Quelques-uns même (les Crocus), peuvent être cultivés tout simplement dans de la mousse humide.

Comme le résultat de cette culture dépend essentiellement de l'époque de la plantation et du choix des ognons, nous indiquerons l'ordre dans lequel les ognons doivent être plantés, et les espèces auxqu'elles on doit donner la préférence. On commence naturellement par les espèces les plus hâtives, et successivement. Ainsi, vers la fin du mois on plante les Narcisses de Constantinople, les grands primo et les Soleils d'Or. (Ces ognons viennent également bien dans l'eau et dans la terre), puis les Jacinthes blanches, simples hâtives.

Comme les Nascisses, toutes les Jacinthes peuvent être cultivées dans l'eau ou dans la terre.

Plantes en fleurs apportées sur les marchés.

Première quinzaine.

Aloës.
Aster amellus.
— bicolor.
— puniceus.
Aster revesii.
Amaryllis belladonna.
— formosissima.
Abutilon striatum.

Bruyère du Cap (phylica).
Bignonia Capensis.
Campanula pyramidalis.
Crinum amabile.
Coronilla glauca.
Cantua picta.
Coreopsis tinctoria.
Chelone barbata.
Chironia linifolia.
Cinéraires.
Canna indica.
Dahlias.
Datura arborea.
Erica boweana.
— cupressina.
— gracilis.
— hycmalis.
— ignescens.
— linneana superba.
— monadelpha.
— mammosa coccinea.
— — rosea.
— — purpurea.
— — verticillata.
— plumosa.
— regerminans.
— ventricosa porcellana.
Erythrina crista galli.
Encomis punctata.
Ficoïdes.
Fuchsias.
Gloxinias.
Géraniums rouge.
— variés.
Glaieul perroquet.
Glaieul gandavensis.
Giroflée grecque blanche.
Grenadiers.
Hortensias.
Héliotropes.
Hibiscus rosa sinensis.
Justicia velutina.
Jasmin d'Espagne.
— jonquille.
Leschenaultia formosa.
Lychnis grandiflora.
Lilium lancifolium.
Lobelia fulgens.
Lantanas.
Laurier-tin.
Mimosa lophanta.
Marguerites blanches (ch. frutescens).
Matricaire mendiane.
Myoporum parviflorum.
Orangers.
OEillets en fleurs.
— de Chine.
Pervenches de Madagascar.
Primevère de la Chine.
Phlox.
Phlomis leonorus.
Rochea falcata.
Reine Marguerite.
Réséda.
Rosier du Bengale.
— du roi.
— des quatre saisons.
— Aimée Vibert.
Plusieurs Rosiers remont.

Stevia serrata.
Spermania affricana.
Siphocampylos bicolor.
Salvia fulgens.
— patens.
Tubereuse odorante.
Thumbergia jaune et blanc.
Volkameria Japonica.
Verveines variées.
Zinnia elegans.

Arbustes en pot.

Pommier nain avec fruit.
Vigne avec fruit.
Buisson ardent (néflier pyracantha).
Symphoricarpos avec fruit.

Arbrisseaux à feuillage persistant.

Aucubas.
Alaternes.
Cyprès.
Lauriers amande.

Plants.

Légumes.
Fraisiers.
Laitues de Passion.
Poireau.

Fleurs.
Amarantoïdes.
Balsamines.
Chrysanthèmes.
Lis blanc.
Œillet d'Inde.
Reine-Marguerites.
Rose d'Inde.

Graines à semer dans le courant du mois.

Légumes.
Cerfeuil.
Carottes hâtives.
Chicorée fine d'Italie.
Choux pommés hâtifs.
Choux fleurs.
Epinard.
Laitue petite noire.
Mâche de Hollande.
Pimprenelle.
Radis rose (sur ados).

Deuxième quinzaine.

Poireau.

Fleurs.

Anémones.
Calcéolaires.
Cinéraires.
Coréopsis.
Giroflées quarantaine.
Mauves.
Mufliers.
OEillet de Chine.
Pelargonium.
Pivoines.
Renoncules.
Thlaspi.

OCTOBRE.

Dans la première quinzaine on rentre les plantes délicates, et dans la seconde seulement, les plus rustiques ; mais comme, à moins qu'il ne gèle, elles sont mieux dehors, quand on n'en possède pas un grand nombre, il vaut mieux attendre pour les rentrer que le temps soit à la gelée. Soit dans la serre ou dans les appartements, il faut placer les plantes de manière qu'elles reçoivent le plus de lumière possible.

Donner beaucoup d'air pendant le jour, à moins que le temps ne soit par trop froid ; arroser modérément, car il faut toujours que les arrosements soient proportionnés à la végétation des plantes et à l'état de la température ; enfin, entretenir les plantes dans un grand état de propreté au moyen de légers bassinages.

On continue la plantation des Narcisses, Jacinthes, Crocus et Tulipes hâtives, en ayant soin de choisir de préférence les ognons de forme régulière, bien fermes, ayant la partie inférieure où naissent les racines très-saine.

Plantes en fleurs apportées sur les marchés.

Première quinzaine.

Aster roseus.
— bicolor.
— horizontalis.
— puniceus.
— revesii.
Amomun avec fruit.
Abutilon striatum.
Bignonia Capensis.
Bruyère du Cap (phylica).
Coronilla glauca.
Dahlia.
Daphné Dauphin.
Erica boweana.
— cupressina.
— hyemalis.
— linneana superba.
— mammomosa coccinea
— — rosea.
— — purpurea.
— — verticillata.
— pyreoleflora.
— ventricosa porcellana.
Epacris.
Erythrina crista galli.
Fuschias.
Grenadiers.
Géranium rouge.
— variés.
Héliotrope.
Jasmin d'Espagne.
— jonquille.
Justicia Velutina.
Lauriers rose.
Lantanas.
Laurier tin.
Myoporum parviflorum.
Marguerites blanches (ch. frutescens).
OEillets en fleurs.
Orangers en fleurs.
Polygala speciosa.
Phlomis leonorus.
Pensées.
Phlox.
Réséda.
Reine-Marguerite.

Rosier du Bengale.	Sedum Sieboldii.
— du roi.	Salvia fulgens.
— Aimé Vibert.	Thlaspi vivace.
— des quatre saisons,	Thumbergia jaune et blanc.
— plusieurs espèces remontantes.	Véronique Speciosa.
Stevia serrata.	— de Lindley.
	Verveines variées.

Deuxième quinzaine.

Les mêmes plantes, plus :

Des Chrysanthèmes et quelques Camélias blancs.

Plantes à bordure.

Buis.	Staticée.
Mignardises.	Thym.

Arbustes en pot.

Vigne avec fruit.	Buisson ardent (néflier pyracantha).
Symphoricarpos avec fruits.	

Arbrisseaux à feuillage persistant.

Cyprès.	Laurier amande.
Aucubas.	Thuyas.
Alaternes.	

Plants.

Légumes.	Oseille.
Choux pommés hâtifs.	Laitue de Passion.
Choux-fleurs.	*Fleurs.*
Fraisiers.	Campanules.
Ognon blanc.	Digitales.

Giroflées jaunes.
Jacinthe en végétation.
Lis blanc.
OEillets variés.
OEillets de poëte.
Pensées.
Pivoines herbacées.

Graines à semer dans le courant du mois.

Légumes.
Cerfeuil.
Epinard.
Laitue petite noire.
Mâche de Hollande.
— régence.
Romaine verte.

Deuxième quinzaine.

Laitue gotte.
— rouge.
Romaine blonde.
— grise.
Fleurs.
Adonide.
Cynoglosse.
Julienne de Mahon.
Pavots.
Pieds d'alouette.
Nigelles.

NOVEMBRE.

Excepté les Asters, les Chrysanthèmes et les Reine-Marguerites, qui peuvent encore rester dehors, l'état de la température ne permet plus de laisser les plantes en fleurs à l'air libre.

Pour conserver celles qu'on achète pendant l'hiver, il faut, si l'on n'a pas de serre, les placer dans l'endroit le plus éclairé de l'appartement, renouveler l'air dans le milieu de la journée; les arroser de manière que la terre soit toujours fraîche, sans être humide; que l'eau qu'on emploie pour les arrosements soit, autant que possible, au même degré de température que l'appartement; enfin, indépendamment des arrosements, on bassinne légèrement les plantes avec un arrosoir à pomme, de manière à ne jamais laisser s'attacher de poussière sur les feuilles; mais comme malgré les grands soins, les plantes souffrent dans les appartements, il faut, si l'on tient à leur conservation, avoir des fenêtres à doubles chassis, entre lesquels on place ses plantes, où bien encore une fenêtre serre. On plante les derniers ognons à fleurs.

Plantes en fleurs apportées sur les marchés.

Première quinzaine.

Aster grandiflorus.
Amomun avec fruits.
Amarantoïdes.
Bruyère du Cap (phylica).
Coronilla glauca.
Chrysanthèmes.
Camelia blanc.
— panaché.
Erica Boweana.
— gracilis.
Erica gracilis vernalis.
— hyemalis.
— ignescens.
— linneana superba.
— mammosa rosea.
— — coccinea.
— — purpurea.
— — verticillata.
— plumosa.
— pyreolœflora.

Erica regerminans.
— ventricosa glutinosa.
— wilmoreana.
Fuschias.
Grenadiers.
Géranium rouge.
Héliotrope du Pérou.
— d'hiver (tussilage).
Jacinthes blanches simples.
Justicia velutina.
Jasmin d'Espagne.
Jonquille.
Laurier tin.
Myrte sans fleur.
Marguerites blanches (ch. frutescens).
Narcisse de Constantinople.
OEillets en fleurs.
Orangers sans fleurs.
Polygala speciosa.
Primevères de la Chine.
Pensée.
Réséda.
Rosiers du Bengale.
— du roi.
— Aimé vibert.
— des 4 saisons.
Reine-Marguerite.
Véronique.

Plantes à bordures.

Buis.
Mignardises.
Staticées.
Thim

Plantes grimpantes.

Aristoloche en pot.
Clématile.
Chèvrefeuille.
Jasmin blanc.
Houblon.
Lierre.
Vigne vierge.

Arbres et Arbustes à feuilles caduques.

Arbres fruitiers (tous les).
Arbustes d'agrément(t. les).
Rosiers francs de pieds et [illegible]
Buisson ardent en pot. (mifica pyracantha).

Arbrisseaux à feuillage persistant.

Aucubas.
Alaternes.
Cyprés.
Cèdre de Virginie.
Epiçea.
Ifs.
Laurier amande.
— franc.
Pin du lord.
Romarin.
Rhododendrons.
Thuyas.

Plants.

Légumes.
Choux pommés hâtifs.
Fraisiers.
Ognon blanc.
Oseille.

Fleurs.
Campanules.
Digitales.
Giroflée jaune.
Jacinthe en végétation.
Lis blanc.
OEillets variés.
— de poëte.
Pensées.
Pivoines herbacées.
Reine-Marguerites.

Graines à semer dans le courant du mois.

Légumes.
Laitue Georges.
Pois hâtifs (pour chassis).

Deuxième quinzaine.

Pois Michaux.
Laitue à couper.

Fleurs.
Adonide.
Cynoglosse.
Julienne de Mahon.
Nigelles.
Pavots.
Pieds d'alouette.
Pois de senteur.

DÉCEMBRE.

Novembre a fait disparaître les dernières fleurs de la saison, les Chrysanthèmes, les Asters sont flétris et doivent rester jusqu'au printemps dépouillés de leur vert feuillage. Il n'y a plus dehors une seule plante qui verdoit, si ce n'est les rustiques arbres verts sur lesquels la vue s'arrête encore avec complaisance, et qui consolent de la rigueur des frimas.

Pour l'amateur vont commencer des difficultés sans nombre, s'il veut conserver le petit nombre de végétaux qui ont réjouis ses regards pendant la belle saison et maintenir en santé celles qu'il achète en fleurs chez les horticulteurs. Ces dernières sortant de serres dont la température est maintenue à un degré constant et entourée des soins les plus assidus, passant dans un milieu glacé, dont la température est variable, et si elles ont bien passé le jour, grâce au feu des appareils de chauffage, elles se trouvent exposées, la nuit, à une transition brusque qui les fait souffrir pour les conduire à la mort.

Il leur faut d'abord de la lumière, puis une température égale qui ne soit pas plus basse que

10° centigrades ; des arrosements très-modérés et destinés seulement à maintenir l'humidité du sol et des soins de propreté. On ôte les feuilles flétries et l'on entretient la liberté de végétation dont ces organes sont le siége, par des bassinages légers. Ces soins, qui ne doivent jamais se ralentir, sont les seules conditions qui permettent de s'occuper avec succès de la culture des plantes dans les appartements.

Plantes en fleurs apportées sur les marchés.

Première quinzaine.

Amomun avec fruits.
Bois joli en fleur.
Bruyère du Cap (phylica).
Cinéraires plus var.
Camélia blanc.
— panaché.
— imperialis
— pomponia.
— peoneflora.
Chrysanthèmes.
Cyclamens.
Coronilla glauca.
Daphné dauphin.
Erica campanulata.
— gracilis.
— — vernalis.
— Hyemalis.
Erica Ignescens.
— Linneana superbe.
— Méditérannea.
— polytrichifolia.
— pyreolœflora.
— persoluta rubra.
Epacris impressa.
Fuchsias plus var.
Gardenia florida.
Géranium rouge.
Giroflée jaune simple.
— rouge.
Héliotrope du Pérou.
— d'hiver (tussilage).
Habrothamnus élégans.
Justicia velutina.
Jasmin d'Espagne.

Jasmin jonquille.
Jacinthes blanches simples.
Laurier tin.
Marguerites blanches (ch. frutescens.
Métrosidéros lophanta.
Narcisse de Constantinople.
OEillets en fleurs.
Orangers en fleurs.
Primevère de la Reine.
Pensées.
Renoncule pivoine rouge.
Réséda en arbre.
Rosier du Bengale.
— des 4 saisons.
— du roi.
Thlaspi vivace.
Violette de Parmes.

Deuxième quinzaine.

Moins les Rosiers du roi, les mêmes plantes, plus :

Des Tulipes hâtives.
Des Azalea liliflora.
Des Lilas en fleur.

Plantes à bordure.

Buis.
Mignardises.
Staticée.
Thim.

Plantes grimpantes.

Aristatoche en pot.
Clematite.
Chèvrefeuille.
Jasmin blanc.
Houblon.
Lierre.
Vigne-Vierge.

Arbres et Arbustes à feuilles caduques.

Arbres fruitiers (tous les).
Arbustes d'agrément (t. les)
Rosiers francs de pieds et greffés.

Arbrisseaux à feuillage persistant.

Aucubas.
Alaternes.
Cyprès.
Cédre de Virginie.
Epicea.
Laurier amande.
Ifs.
Pin du lord.
Romarins.
Rhododendrons.
Thuyas.

Plants.

Légumes.
Choux pommés hâtifs.
Oseille.

Fleurs.
Giroflée jaune.
Jacinthes en végétation.
Lis blanc.
Hellébore (rose de Noël).
Pensées.
Pivoines herbacées.

Graines à semer pendant le courant du mois.

Deuxième quinzaine.

Carottes hâtives (sur couche).
Poireau (sur couche).
Radis (sur couche).

CHAPITRE VII.

CULTURE ET DESCRIPTION DES VÉGÉTAUX APPORTÉS SUR LES MARCHÉS AUX FLEURS.

Abutilon striatum. *Abutilon strié.* Plante ligneuse du Brésil, à feuilles grandes, semblables à celles de toutes les mauves, et à fleurs pendantes, en cloche, d'un beau jaune d'or strié de pourpre.

Culture. Terre de bruyère. Serre tempérée, où elle se fait remarquer par l'abondance de ses fleurs.

Achillée dorée. *Achillea aurea.* Pl. vivace, haute de 50 centimètres; feuilles découpées, cotonneuses; de juillet en septembre, fleurs d'un jaune d'or, en corymbe lâche.

Achillée rose. *A. asplenifolia.* Pl. vivace, haute de 65 centimètres; feuilles longues, étroites, dentées; tout l'été, fleurs rouge aurore, en corymbe terminale.

Culture. Pleine terre; tout terrain, bien que rustique; les Achillées réussissent mieux au soleil qu'à l'ombre.

Achimenes coccineum. *Achimènes cocciné.* Petite plante herbacée, originaire de la Jamaïque, à racines tuberculeuses, à feuilles ovales, dont les nervures sont rouges en dessous; fleurs solitaires, d'un rouge écarlate très-vif.

Achimenes roseum. *Achimènes rose.* Un peu plus grand dans toutes ses parties; fleurs roses.

Achimenes longiflorum. *Achimènes à longues fleurs.* Dimension plus grande encore; fleurs bleues.

Achimenes grandiflorum: *Achimènes à grandes fleurs.* La hauteur de cette espèce est de 50 cent. Les feuilles sont ovales, ridées, rouges en dessous, et les fleurs d'un beau rose violacé.

Achimenes pedunculatum. *Achimènes pédonculé* ou écarlate. Grande plante, atteignant à un mètre de hauteur, à feuilles ovales, rudes, rouges en dessous, fleurs portées sur un long pédoncule d'un beau rouge écarlate ayant dans son intérieur des légers points d'un beau rouge sur fond jaune.

Culture. Les Achimenes sont des plantes de serre chaude qu'on n'arrose que quand elles commencent à pousser et qu'on doit tenir au sec pendant l'hiver.

Aconitus napellus. *Aconit napel.* Grande plante vivace et de pleine terre, à tige, haute de 80 centimètres à 1 mètre et plus, à feuilles palmées, fleurs grandes, ces groupes dressés ayant la forme de deux casques posés l'un sur l'autre.

C'est de juin à juillet que ces plantes donnent leurs fleurs, qui varient suivant les variétés du bleu foncé au bleu tendre et au blanc.

Culture. Ce sont des végétaux très-vénimeux et dont il faut se défier.

Adonis æstivalis. *Adonide d'été.* Petite plante herbacée, indigène, annuelle, haute d'environ 25 centimètres; à feuilles finement découpées, donnant de juin en juillet des petites fleurs d'un rouge vif, avec une tache pourpre à la base de chaque pétale.

Culture. Pleine terre légère, on la multiplie de graines.

Il en existe deux variétés graduées du rouge au jaune. Il faut se défier de ces plantes, car elles appartiennent à la famille des Renoncules qui renferme des plantes suspectes.

Agapanthe ombellifère. Tubéreuse bleue. *Agapanthus umbellatus.* Plante bulbeuse. Feuilles longues, linéaires. En août, tige de 65 centimètres, terminée par une ombelle, composée d'un grand nombre de fleurs bleues. Variété à fleurs blanches.

Culture. Terre légère et substantielle, orangerie.

Alaterne. *Rhamnus Alaternus.* Arbrisseau de 2 mètres et plus, toujours vert. Feuilles ovales, dentées, d'un vert luisant. En avril, fleurs verdâtres, odorantes.

Culture. Pleine terre, tout terrain. L'Alaterne est un des arbres qui convient le mieux pour garnir les murs. Planté au midi, il périt dans les hivers rigoureux; mais au nord il résiste aux plus fortes gélées.

Aloe fruticosa. *Aloès corne de bélier.* Plante semblable aux plantes grasses à feuilles ramassées à la base en gouttière, aiguës au bout, à dents, fortement prononcées, munie d'une pointe épineuse, renversées en dehors; du centre se dresse une tige nue, au sommet de laquelle se développe un épi de fleurs en tube, d'un rouge éclatant.

Aloe socotrina. *Aloe socotrin aloès du commerce.* Feuilles droites, un peu vert de chou, garnies d'épines et à dentelures blanches, fleurs rouges.

Aloe mitræformis. *Al. mitré.* Feuilles aiguës réunies en mitre, épineuses, fleurs rouges.

Aloe lingua. *Al. langue de chat.* Pas de tige,

feuilles en forme de langue, tachées de blanc, garnies de verrues sur leurs bords, fleurs en épi, rouges à la base et vertes au sommet.

Aloe varigata. *Al. panaché, Al. perroquet.* Tige très-basse, feuilles épaises, triangulaires, pointues, tachetées et bordées de blanc, fleurs rouges disposées en grappe.

Aloe margaritifera. *Al. perlé.* Petite plante à feuilles triangulaires, pointues au sommet, couvertes de tubercules blancs, qui lui ont valu son nom, parce que ces verrues ressemblent à des perles; fleurs en épi, verdâtres, les feuilles seules font rechercher cette plante.

Aloe retusa. *Al. pouce écrasé.* Petit à feuilles courtes, épaises, aplaties en dessus; fleurs comme l'espèce précédente.

Aloe disticha. *Al. bec de cane.* Feuilles en forme de bec de cane, quelquefois pourpres, fleurs rouges et poudrées à la base, blanches rayées de vert au sommet.

Aloe verrucosa. *Al. verruquex.* Feuilles en épis, couvertes de verrues, fleurs rouges.

Aloe arachnoïdes. *Al. toile d'Araignée.* Petit, feuilles couvertes de fils blancs très-nombreux; fleurs verdâtres.

Ce sont les principales et les plus communes variétés d'Aloès.

Culture. Terre sablonneuse, ou de bruyère, serre tempérée, arrosement modérés en hiver,

Althæa frutex. *Ketmie des jardins.* Arbrisseau de 1 à 2 mètres; feuilles ovales à trois lobes. En août et septembre fleurs rouges, pourpres violacées ou blanches à onglet d'un rouge vif, simples ou doubles.

Culture. Pleine terre, tout terrain.

Amarante à crête, passe velours, célosie à crête. *Celosia cristata.* Plante annuelle, haute de 30 à 50 centimètres, à feuilles longues et aiguës; fleurs très-petites, mais réunies en si grand nombre sur une tige aplatie en éventail et plissée symétriquement au sommet qu'on la prendrait pour un morceau de velour d'Utrecht ou de pluche. On en cultive deux variétés également jolies, l'une amaranthe et l'autre jaune d'or; elles fleurissent en juillet et août.

Culture. On multiplie l'Amarante à crête, de graines; mais l'amateur doit se borner à en acheter aux marchés des pieds soit en fleurs, soit en arrachis. Les soins qu'exigent ces plantes ne lui permettent guère d'en élever avec succès; la terre qui leur convient doit être légère et l'exposition chaude.

Amarantus tricolor. *Am. tricolore.* Cette plante est une véritable Amaranthe; elles est annuelle, sa hauteur est de 50 à 80 centimètres. On la cultive pour les feuilles qui sont ovales aiguës, tachées de jaune, de vert et de rouge; les fleurs sont vertes et peu apparentes; elles paraissent de juin en septembre.

Culture. Semer une couche en mars ou avril et repiquer en mai.

Amarantus caudathus. *Am. à fleurs en queue, queue de renard, discipline de religieuse.* Plante annuelle, s'élevant jusqu'à 1 mètre; feuilles ovales, rougâtres, de juin en septembre; fleurs petites en grappes serrées et pendantes. On en posséde une variété à fleurs jaunes.

Culture. pleine terre, vient partout, se sème d'elle-même.

Amarantoïde, immortelle, violette, tolides. *Gomphrena globosa.* Plante annuelle, haute de 30 à 40 centimètres; feuilles ovales, lancéolées, de mai en octobre, fleurs en têtes globuleuses d'un beau rouge, variété à fleurs blanches.

Culture. Même culture que pour l'Amarante à crête.

Amarillis reginæ. *A. du Méxique.* Plante bulbeuse; feuilles lanceolées, hampe de 55 centimètres. En mai et juin fleurs campanulées d'un beau rouge ponceau.

Culture. Terre franche mêlée de terre de bruyère, serre chaude.

Amaryllis belladona. *A. à fleurs roses.* Plante bulbeuse dont l'ognon est très-gros. Feuilles caniculées qui ne paraissent que longtemps après que les fleurs sont passées. Hampe de 50 à 70 centimètres. De juillet en septembre. Fleurs roses, semblables à celles du lis blanc, odorantes.

Culture. Pleine terre légère, couverture l'hiver.

Amaryllis formosissima. *A. à fleurs en croix. Lis Saint-Jacques.* Plante bulbeuse. Feuilles planes, linéaires. Hampe de 20 centimètres. En juillet et août. Fleurs d'un rouge écarlate très-foncé.

Amomum. *Solanum pseudo-capsicum.* Petit arbrisseau à feuilles lancéolées, persistantes. De juin en septembre. Fleurs blanches en petits ombelles sessiles. Fruit rouge de la grosseur d'une cerise.

Culture. Terre légère, orangerie. Arrosements fréquents pendant l'été.

Ancolie commune. *Aquilegia vulgaris.* Plante vivace, haute de 1 mètre; feuilles triternées; en juin, fleurs doubles de toutes nuances, bleu, blanc, rouge ou cramoisi, pendantes, terminales.

Ancolie du Canada. *A. Canadensis.* Plante vivace, haute de 33 centimètres; feuilles plus petites que celles de l'espèce précédente; en avril et mai, fleurs pendantes, solitaires, d'un beau rouge safran.

Culture. Pleine terre, exposition ombragée. Multiplication de graines qu'on sème au printemps ou bien, en séparant le pied, à l'automne, dans les terrains secs, et au printemps dans les terrains humides.

Anémone des fleuristes, *A. Coronaria.* Plante vivace, haute de 20 à 25 centimètres; feuilles radicales, ternées, plus ou moins découpées; en avril et mai, fleurs grandes, simples, semi-doubles ou doubles, de toutes couleurs.

Culture. Pleine terre. On plante les Anémones en décembre, ou bien en février ou mars, à environ 5 centimètres de profondeur. On retire les tubercules après que les feuilles sont sèches, et on les replante l'année suivante.

Celles qu'on trouve en pots sur les marchés sont relevées de pleine terre.

Anémone du Japon. *A. Japonica.* Plante vivace, herbacée, haute de 40 à 50 centimètres; feuilles trilobées; d'août en octobre, fleurs semi-doubles, d'un rose pourpre.

Culture. Pleine terre, tout terrain.

Aristoloche à grandes feuilles. *Aristolochia sipho.* Arbrisseau grimpant. Feuilles cordiformes de grande dimension. En mai et juin, fleurs verdâtres, veinées et ponctuées de brun, en forme de pipe.

Culture. Pleine terre, tout terrain. Comme cette plante reprend avec difficulté, il faut planter de préférence des individus élevés en pot (propre à garnir les treillages et les berceaux).

Arum d'Ethiopie. *Pied de veau, Calla Æthiopica.* Plante du Cap, à feuilles sagittées, acuminées, d'un beau vert; hampe cylindrique, de 65 centimètres; de février en avril, fleurs blanches, odorantes, en forme de cornet.

Culture. Terre légère constamment humide, orangerie.

Asclepias currasavica. *A. de Curaçao.* Plante vivace qu'on cultive comme annuelle; feuilles oblongues, lancéolées; de juin en septembre, fleurs d'un jaune orange, en ombelles droites.

Culture. Terre légère. Multiplication de graines qu'on sème sur couche en février ou mars.

Aspérule odorante. *Petit muguet, Asperula odorata.* Plante vivace, haute de 20 centimètres; feuilles verticillées; en avril et mai, fleurs blanches, odorantes, en corymbe.

Culture. Pleine terre, tout terrain. (Propre aux bordures.)

Aster Alpinus. *A. des Alpes.* Plante vivace haute de 25 à 30 centimètres. Feuilles spatulées. En juillet et août, fleurs terminales, bleu violacé, disque jaune. Variété à fleurs blanches.

Aster amellus. *A. œil de Christ.* Plante vivace,

haute de 40 centimètres. Feuilles oblongues lancéolées. En août et septembre, fleurs en corymbe d'un beau blanc, disque jaune.

Aster bicolor. *A. de deux couleurs.* Plante vivace haute de 33 centimètres. Feuilles lancéolées. En septembre et octobre, fleurs blanches légèrement teintées de violet.

Aster grandiflorus. *A. à grandes feuilles.* Plante vivace haute de 65 centimètres. Feuilles petites, oblongues. En novembre, fleurs solitaires d'un bleu pourpre.

Aster horizontalis. *A. pendula.* Plante vivace haute de 65 centimètres. Feuilles petites, étroites. En octobre, fleurs très nombreuses, petites, d'un blanc purpurin, couvrant les rameaux.

Aster puniceus. *A. rose.* Plante vivace, à tiges plus ou moins élevées. Feuilles lancéolées. En septembre et octobre, fleurs grandes, d'un rose violacé.

Aster Reversii. *A. de Rêvers.* Plante vivace haute de 25 a 30 centimètres. Feuilles étroites. En septembre et octobre, fleurs petites, blanc carné, couvrant toute la plante.

Culture. Pleine terre, tout terrain.

Aubergine blanche. *Poule pondeuse, plante aux œufs, Solanum melongena ovifera.* Plante annuelle de l'Amérique méridionale; feuilles ovales, pointues, obtuses; fleurs blanches; fruits d'un blanc luisant, semblables à un œuf de poule.

Culture. On sème l'Aubergine blanche en février ou mars, sur couche, et on repique le plant en pot dans du terreau.

Aucuba du Japon. *A. japonica.* Arbrisseau de 1 mètre à 1 mètre 30 centimètres, cultivé pour la beauté de son feuillage. Feuilles persistantes, grandes, ovales, d'un beau vert luisant, marbrées et panachées de jaune. En avril, fleurs petites, brunes, en panicule terminale.

Culture. Pleine terre, exposition légèrement ombragée.

Azalea de pleine terre. Les Azalea de pleine terre sont des arbustes à feuilles caduques qui fleurissent au printemps. On en cultive un grand nombre de variétés qui toutes se rapportent aux espèces suivantes :

Azalea nudiflora. Fleurs blanches, rouges ou roses, un peu velues, imitant celles du chèvrefeuille.

Azalea viscosa. Fleurs blanches, velues, visqueuses, odorantes, en ombelles terminales.

Azalea Pontica. Fleurs jaunes, assez grandes, en grappes terminales.

Culture. Pleine terre de bruyère. Comme celles qu'on trouve sur les marchés sont en pot, il faut, après la floraison, les mettre en pleine terre, à une exposition ombragée.

Azalea de l'Inde. Les *Azalea indica* sont à feuilles persistantes. Elles fleurissent au printemps, comme celles de pleine terre.

L'*Azalea liliflora*, à fleurs blanches, l'*Azalea Phœnicea*, à fleurs d'un pourpre violacé, et l'*Azalea Smithii*, à fleurs coccinées, sont les principales variétés de l'Azalea de l'Inde qu'on trouve sur les marchés.

Culture. Serre tempérée pendant l'hiver.

Balsamine des jardins. *Impatiens Balsamina*. Plante annuelle à tige succulente, feuilles lancéolées, dentées, d'un beau vert, de juillet en octobre; fleurs blanches, rouges, roses ou violettes, unicolores ou ponctuées, suivant la variété.

Culture. Pleine terre, multiplication de graines semées sur couche en mars ou en pleine terre en avril.

Basilic commun. *Ocymum basilicum.* Plante annuelle, peu élevée; feuilles ovales, vertes ou violettes, très-odorantes, fleurs blanches pendant tout l'été.

Culture. On sème le basilic sur couche, en mars et on repique le plant en pot dans du terreau.

Belle-de-jour. *Convolvulus tricolor.* Plante annuelle à tiges rampantes, feuilles spatulées; pendant tout l'été, fleurs solitaires, très-nombreuses, d'un beau bleu sur leurs bords, blanches au milieu, jaunes dans le centre; variété à fleurs blanches et à fleurs panachées.

Culture. Pleine terre, multiplication de graines, qu'on sème en place, en mars ou avril, (propres aux bordures).

Belle-de-nuit. Faux Jalap. *Mirabilis Jalappa.* Plante vivace, haute de 65 centimètres, qu'on peut cultiver comme annuelle, feuilles cordiformes, de juillet en septembre, fleurs rouges, jaunes ou panachées en bouquets axillaires et terminales.

Culture. Pleine terre, multiplication de graines, qu'on sème en place en avril, ou bien on plante à la même époque, des racines de l'année précédente, que l'on conserve à la cave.

Bignonia capensis. *Bignone du Cap.* Arbrisseau de 40 à 50 centimètres. Feuilles ailées à folioles ovales, arrondies et dentées; d'août en octobre, fleurs rouge-cocciné, en grappes terminales.

Culture. Terre légère, serre tempérée.

Bois joli, bois gentil. *Daphne mezereum.* Arbuste de forme arrondie, dont les fleurs s'épanouissent avant le développement des feuilles; en février ou mars, fleurs sessiles, roses, violacées ou blanches.

Culture. Pleine terre, exposition légèrement ombragée.

Boule de neige. *Viburnum opulus.* Arbrisseau très-remarquable pour la beauté de ses fleurs. Feuilles cordiformes, dentées, cotonneuses. En juillet, fleurs blanches en ombelles corymbiformes.

Culture. Pleine terre légère et fraîche. On trouve sur les marchés des Boules de neige élevées en panier: en les plantant avec le panier, et en les arrosant immédiatement, elles ne souffrent pas de la transplantation.

Boussingaultia baselloides. *B. à feuilles de baselle.* Plante grimpante, à racine tuberculeuse. Feuilles cordiformes. En septembre et octobre, fleurs blanches odorantes, en long épi.

Culture. Pleine terre en été, avec couverture l'hiver, ou, ce qui vaut mieux, car souvent les tubercules pourrissent en terre, on les relève en automne et on les conserve dans l'orangerie (propre à garnir les treillages et les berceaux).

Bouton d'or, renoncule rampante. *Renonculus repens.* Plante vivace à tiges rampantes, feuilles palmées; en mai, fleurs doubles terminales, d'un beau jaune.

Bouton d'argent. Renoncule à feuilles d'aconit. *Ranonculus aconitifolia.* Plante vivace à tiges rampantes, feuilles palmées ; en mai et juin, fleurs doubles blanches, terminales.

Culture. Pleine terre, tous terrain, exposition ombragée.

On cultive aussi sous le nom de Bouton d'Argent l'*Achillée sternutatoire. Achillea ptarmica.* Plante vivace, haute de 70 centimètres ; de juillet en septembre, fleurs doubles, blanches, en corymbe lâche.

Culture. De l'Achillée dorée et de l'Achillée rose.

Bruyère du Cap. *Phylica ericoïdes.* Arbuste toujours vert, qu'on élève à tige et en boule, feuilles nombreuses, linéaires, pointues, d'un vert foncé ; de septembre en mars, fleurs petites, blanches, odorantes en têtes terminales.

Culture. Terre de bruyère, serre tempérée, arrosement fréquent pendant l'été.

Buisson ardent. *Cratægus pyracantha.* Arbrisseau en forme de buisson, garni d'épines très-piquantes. Feuilles ovales, lancéolées, persistantes. En mai, fleurs blanches disposées en corymbe, axillaires ; fruits nombreux, d'un rouge de feu.

Culture. Pleine terre, tout terrain.

Cactus serpentaire. *Cereus flagelliformis.* Plante grasse à tiges cylindriques, à 8 ou 10 angles peu apparent, fleurs sessiles d'un rose vif.

Cereus, speciosisimus. Plante grasse, à tiges épineuses, à 3 et 4 angles, fleurs latérales, magnifiques, d'un beau rouge à reflets violets.

Cactus, epyphyllum speciosum. Plante grasse à tiges plates, articulées, très-rameuses; fleurs nombreuses d'un très beau rose.

Cactus, epyphyllum Ackermanii. Plante grasse à tiges plates articulées et rameuses; fleurs grandes, d'un rouge vif; naissant de chaque côtes des tiges.

Cactus, echinocactus sulcatus. Plante grasse globuleuse à 12 ou 15 angles, garnis d'épines, courtes, noirâtres; fleurs blanches, longues d'environ 2 centimètres, à odeur de fleur d'oranger.

Cactus, opuntia, ficus indica. *Figuier d'Inde, Semelle du Pape.* Plante grasse composée d'articulations ovales, applaties, chargées d'épines sétacées; fleurs jaunes sessiles, fruits rouges oblongs, bons à manger.

Culture. Terre franche, mêlée de terre de bruyère, serre tempérée. — En été on peut, contrairement à ce que beaucoup de personnes disent, arroser les Cactus comme toutes les autres plantes; seulement pendant l'hiver, il ne faut leur donner de l'eau que quand ils commencent à se flétrir, par suite de la secheresse de la terre, comme toutes les plantes grasses, les Cactus peuvent rester longtemps dans le même pot, et lorsqu'on les rempote, il ne faut pas les mettre trop grandement.

Calcéolaires. Plantes herbacées de terre tempérée, que l'on cultive comme plantes annuelles feuilles radicales, oblongues et dentées, tiges annuelles, hautes de 30 à 40 centimètres; d'avril en juin, fleurs en forme de sabot, de couleur jaune, pourpre, cramoisie, rose ou fond blanc, maculées ponctuées ou striées de la manière la plus capricieuse.

Culture. On cultive les Calcéolaires dans un mélange, composé de terreau de feuilles, de terre de bruyère et de terre franche. On les multiplient de graines, qu'on sème en août ; mais comme le semis exige des soins multipliés, il est préférable d'acheter au printemps du plant tout élevé.

En sortant de la serre, il faut placer, les Calcéolaires à une exposition ombragée, et pendant l'été leur donner de fréquents bassinages.

Camellia Japonica. *Rose du Japon.* Les Camellia sont des arbrisseaux qui acquièrent jusqu'à 10 et 12 mètres, dans leur pays natal. Feuilles persistantes, ovales, pointues, dentées d'un beau vert foncé, et luisantes. Pendant tout l'hiver, fleurs blanches, roses, rouges ou panachées.

Culture. Terre de bruyère, serre tempérée. Pour cultiver les Camellias avec succès, il faut une serre bien éclairée. Pendant l'été, on les place dans un endroit aéré, à l'abri des rayons du soleil de midi, et on les arrose assez fréquemment.

On les rempote après la floraison, ce qui toutefois ne doit avoir lieu que quand la force des plantes exigent qu'on leur donne des pots plus grands.

On les rentre avant les grandes pluies de l'automne, et pendant leur séjour dans la serre, on renouvelle l'air toutes les fois que le temps le permet ; puis on les arrose au besoin, c'est-à-dire de manière que la terre soit toujours fraîche.

Campanule des jardins. *Campanula persicifolia.* Plante vivace, haute de 65 centimètres. Feuilles oblongues, semblables à celles du pêcher ; de juin en septembre fleurs simples ou doubles, bleues ou blanches, en épis lâches et terminaux.

Campanule à grosses fleurs. *Violette marine.*

C. medium. Plante bisannuelle haute de 65 centimètres. Feuilles oblongues, légèrement crénelées; de juin en septembre, fleurs bleues ou blanches, simples ou doubles.

Campanule à fleurs en tête. *C. glomerata.* Plante vivace, haute de 33 centimètres. Feuilles cordiformes, crénelées, velues. Tout l'été, fleurs bleues ou blanches, en faisceau terminal.

Campanule à feuilles en cœur. *C. carpatica.* Plante vivace, formant une large touffe peu élevée. Feuilles cordiformes, dentées; de juin en août, fleurs d'un beau bleu. Variété à fleurs blanches.

Campanule pyramidale. *C. pyramidalis.* Plante bisannuelle, haute de 1 mètre 30 cent. à 1 mètre 50 cent. Feuilles cordiformes; de juillet en septembre, fleurs bleues ou blanches.

Campanule doucette. *Miroir de Venus. C. speculum.* Plante annuelle, haute de 20 à 25 centimètres. Feuilles petites, ovales, dentées; en juin et juillet, fleurs terminales, d'un beau violet. Variété à fleurs blanches (propre aux bordures).

Culture. Pleine terre, multiplication de graines semées aussitôt après leur maturité; ou par l'éclat des pieds, en automne ou au printemps.

Canna indica. *Balisier de l'Inde, à racine tubéreuse.* Plante vivace, haute de 1 à 2 mètres. Feuilles ovales, longues de 50 centimètres, larges de 22. Tout l'été fleurs rouges, en épi droit et terminale.

Culture On plante les Canna en mai, en pleine terre. Pendant l'été, on les arrose abondamment, et on relève les touffes en automne pour les conserver comme les Dahlias, dans l'orangerie ou dans une cave bien sèche.

Cantua picta. *Ipomopsis elegans.* Plante bisannuelle haute de 1 mètre à 1 mètre 30 centimètres. Feuilles pinnatifides, à folioles linéaires. En août et septembre, fleurs rouges, coccinées, formant une longue grappe.

Culture. Pleine terre. Multiplication de graines semées en juin; mais comme pendant l'hiver il faut beaucoup de soins pour conserver le plant, il est préférable d'acheter au printemps du plant tout élevé.

Capucine grande. *Tropæolum majus.* Plante annuelle, grimpante. Feuilles ombiliquées à cinq lobes. Tout l'été, fleurs axillaires jaune orangé ou pourpre.

Culture. Pleine terre Multiplication de graines qu'on sème en place, en avril (propres à garnir les treillages et les berceaux).

Capucine à fleurs doubles. *T. flore pleno.* Variété de la précédente. Tiges droites non grimpantes. Feuilles plus petites que celles de la Capucine grande. Fleurs jaunes très-doubles

Culture. Terre légère, serre chaude pendant l'hiver. Multiplication de bouture.

Capucine tricolore. *T. tricolorum.* Plante vivace, grimpante à racine tubéreuse. Tige filiforme, qu'on dirige sur de petits appareils en fil de fer, que l'on peut placer dans les appartements. Feuilles à cinq lobes, proportionnées à la grosseur des tiges. Au printemps, fleurs solitaires très-nombreuses. Calice rouge feu bordé de violet foncé, pétales jaunes.

On cultive dans le même but le *Tropæolum azurum* et le *Tropæolum pentaphyllum*, espèce plus vigoureuse que les précédentes.

Culture. Terre de bruyère, serre tempérée. Comme la tige de ces Capucines est annuelle, il faut, lorsqu'elles sont sèches, suspendre les arrosements, ou bien relever les tubercules, pour les conserver dans de la mousse sèche, jusqu'en octobre ou novembre, époque où ils commencent à végéter.

Cèdre de Virginie. *Juniperus Virginiana.* Arbre vert que l'on peut cultiver en pot pendant sa jeunesse. Son port et la beauté de son feuillage font qu'il convient parfaitement pour garnir les vases.

On collait autrefois des fleurs d'immortelles le long des rameaux, et il servait pendant l'hiver à orner les appartements.

Chelone barbata. *Galane barbue.* Plante vivace, haute de 65 centimètres. Feuilles lancéolées ou spatulées. De juin en octobre, fleurs en grappe rouge-écarlate.

Culture. Pleine terre légère, couverture l'hiver.

Chevrefeuille des jardins. *Lonicera caprifolium.* Arbuste grimpant, qu'on peut élever à tige et en boule. Feuilles ovales-oblongues, d'un vert glauque en dessous. En mai et juin, fleurs très-odorantes, plus ou moins rouges en dehors, en bouquets, verticillées.

Chevrefeuille de Virginie. *L. sempervirens.* Espèce à feuilles persistantes qu'on peut également tailler en boule; de mai en août, fleurs jaune en dedans, d'un vif écarlate en dehors.

Culture. Pleine terre, tout terrain. Tous les Chevrefeuilles peuvent être cultivés avec avantage pour garnir les treillages et les berceaux.

Chironia linifolia. *Chirone à feuilles de lin.*

Tiges de 20 centimètres. Feuilles linéaires étroites, d'un vert glauque; de juin en octobre, fleurs rose-pourpré, terminales.

Culture. Terre de bruyére, serre tempérée.

Chorozema illicifolium. *C. à feuilles de houx.* Arbuste de la Nouvelle-Hollande, à feuilles persistantes; de mai en septembre, fleurs semblables à celles des Pois, en grappes, jaunes, lavée de rouge vif.

Culture. Terre de bruyère, serre tempérée.

Chrysanthème à grandes fleurs. *Chrysanthemum indicum.* Plante vivace. Tiges de 65 centimètres à 1 mètre 50 centimètres. Feuilles découpées; d'octobre en janvier, fleurs de toutes nuances de pourpre, de blanc et de jaune, suivant les variétés qui sont très-mombreuses.

Culture. Pleine terre, tout terrain. Multiplication de boutures on d'éclats en avril, qu'on plante en pleine terre ou en pots.

Cinéraires. Plantes herbacées, rameuses; feuilles cordiformes entières ou lobées; de février en mai, fleurs en corymbe, blanches, pourpres, lilas, roses ou bleues, unicolores ou teintées de couleurs qui tranchent sur le fond.

Culture. On cultive les Cinéraires dans la terre de bruyère, ou mieux dans un mélange composé de terre de bruyère, de terre franche et de terreau. Multiplication de graines semées en juillet et août.

Cistus purpureus, Ciste à fleurs pourpres. Arbrisseau de 40 à 50 centimètres; feuilles lancéolées, pointues. d'un vert terne; en juin et juillet; fleurs grandes, simples, d'un beau rouge, avec une tache d'un pourpre foncé à la base des pétales.

Culture. Terre de bruyère, orangerie.

Clématite odorante *Clematis flammula*. Arbrisseau grimpant, à feuilles pennées; en août, fleurs blanches odorantes, en panicule terminale.

Culture. Pleine terre, tout terrain. Bien que les tiges soient ligneuses, on les coupe chaque année en automne. (Propre à garnir les treillages et les berceaux.)

La *Clématite azurée* et la *Clématite bicolore* sont deux plantes grimpantes du Japon, à feuilles ternées et triternées ; la première donne en mai des fleurs d'un beau bleu, la seconde fleurit en juin. Toutes deux peuvent être cultivées en pleine terre.

Clianthus puniceus. *Clianthe à fleurs pourpres*. Arbrisseau de la Nouvelle-Zélande, d'une végétation très-vigoureuse; feuilles ailées; en mai et juin, fleurs en grappe axillaire et pendante, d'un beau rouge pourpre.

Culture. Terre de bruyère, serre tempérée, ou pleine terre avec couverture l'hiver.

Cobea scandens. *Cobée grimpante*. Plante vivace d'Amérique, que l'on cultive comme plante annuelle, feuilles aîlées à folioles ovales.

Pendant tout l'été, fleurs grandes, campanulées, d'un violet foncé.

Culture. Pleine terre. Multiplication de graines semées en mars. Comme ces graines doivent être nécessairement semées sur couche, il est plus simple d'acheter au printemps de jeunes Cobea élevés en pot (propres à garnir les murs et les berceaux.)

Collinsia bicolor. *Collinsie de deux couleurs*.

Plante annuelle, haute de 20 à 30 centimètres; feuilles ovales-oblongues; en juin et juillet, fleurs axillaires, blanches et roses violacées.

Culture. Pleine terre. Multiplication de graines semées en place au printemps. (Propre aux bordures.)

Convolvulus, cneorum. *Liseron argenté.* Arbuste de 65 centimètres, toujours vert; feuilles lancéolées, couvertes d'un duvet argenté; tout l'été, fleurs blanches, en ombelle terminale.

Culture. Terre de bruyère, orangerie.

Coquelicot. *Papaver rhœas.* Plante annuelle, haute de 50 centimètres; feuilles découpées; en juin et juillet, fleurs doubles, rouges, unicolores ou bordées de blanc.

Culture. Pleine terre. Multiplication de graines semées en place en automne ou au printemps.

Coquelourde des jardins. *Agrostemma coronaria.* Plante bisannuelle, haute de 50 centimètres; feuilles oblongues, cotonneuses; de juin en septembre, fleurs simples ou doubles, roses, rouges ou blanches, en forme de petit œillet.

Culture. Pleine terre, tout terrain. Multiplication de graines semées en juin.

Corbeille d'or. *Alyssum saxatile.* Plante vivace formant de larges touffes peu élevées; feuilles lancéolées, blanchâtres; en avril et mai; fleurs jaunes en grappes terminales.

Culture. Pleine terre, tout terrain. (Propre aux bordures.)

Corcorus japonica. *Corète du Japon.* Arbrisseau de 1 à 2 mètres. Feuilles ovales, aiguës, crénelées. D'avril en juin, fleurs nombreuses très-doubles et d'un beau jaune.

Culture. Pleine terre légère et fraîche, exposition légèrement ombragée.

Indépendamment des Corcorus que l'on vend, en automne, sur le marché aux arbres, on en trouve qui sont élevés en pot ou en panier, que l'on peut planter en tous temps.

Coreopsis delphinifolia. *Coriope à feuilles de dauphinelle.* Plante annuelle, haute de 50 centimètres; feuilles composées, à folioles linéaires; de juin en octobre; fleurs terminales jaunes ou pourpres.

Culture. Pleine terre. Multiplication de graines qu'on sème en septembre ou bien en février et mars.

Coronilla glauca. *Coronille glauque.* Arbrisseau de 1 mètre, presque toujours couvert de fleurs; feuilles composées, à folioles d'un vert glauque; fleurs jaunes en couronne.

Culture. Terre légère, orangerie.

Correa speciosa. *C. agréable.* Arbuste de 40 à 50 centimètres feuilles ovales, oblongues; d'avril en juin fleurs tubulées, rouge vif, à limbe vert.

Culture. Terre de bruyère, orangerie.

Courges, Calebasses. Plantes rampantes, dont les tiges sont fort longues. On cultive un grand nombre de variétés de Courges. Les unes, connues sous le nom de *Coloquintes*, donnent des fruits sphériques de la grosseur d'une orange, ou en forme de poire. Celles nommées *Gourdes de pèlerins* produisent des fruits qui servent de bouteilles aux voyageurs; enfin la *Courge massue* et la *Courge siphon* sont des plantes que l'on cultive également pour la forme curieuse de leurs fruits.

Culture. Pleine terre à bonne exposition, multiplication de graines semées en mars sur couche, ou en mai immédiatement en place.

Pour obtenir une végétation plus vigoureuse, on fait ordinairement un bon trou que l'on remplit de fumier, on place la terre provenant du trou sur le fumier, et l'on fait un bassin, au centre du quel on plante ou l'on sème ses graines de Courges.

(Toutes les Courges peuvent être cultivées comme plantes grimpantes pour garnir les treillages et les berceaux).

Couronne impérial. *Fritillaria imperialis.* Plante bulbeuse à feuilles lanceolées, tige simple de 1 mètre, terminée par un faisceau de feuilles; en mars et avril fleurs pendantes, rouges ou jaunes, simples ou doubles, disposées en couronnes.

Culture. On plante les ognons de Couronne impériale en avril, en pleine terre, à environ 12 centimètres de profondeur, et on les relève tous les trois ou quatre ans pour enlever les caieux.

Crassula coccinea. *Crassule écarlate.* Plante grasse à tiges cylindriques, feuilles ovales, ciliées en juillet et août; fleurs tubulées d'un rouge écarlate en faisceau terminal.

Crassula spatulata. *C. spatulée.* Tiges nombreuses, formant une belle touffe de verdure, feuilles cordiformes, crénelées; en juillet et août, fleurs blanches teintées de rose, en corymbe paniculées.

Culture. Terre de bruyère, serre tempérée, arrosements modérés en hiver.

Crepis rose. *Borkhausia rubra.* Plante annuelle, haute de 20 à 30 centimètres, feuilles découpées; en juin et juillet, fleurs terminales, d'un rose tendre, variété à fleurs blanches.

Culture. Pleine terre, multiplication de graines semées en place au printemps (propre aux bordures).

Crinum Americanum. *Crinole d'Amérique.* Plante bulbeuse, tige de 50 centimètres, formées de longues feuilles caniculées, et terminées en juillet et août, par une ombelle de fleurs blanches odorantes.

Crinum amabile. *C. aimable.* Plante bulbeuse plus élevée que la précédente, feuilles également caniculées; de mars en juillet et quelques fois en septembre et octobre, fleurs rouges, très-odorantes.

Culture. Terre de bruyère, serre chaude.

Crocus de Hollande. *C. vernus, Safran printannier.* Plante bulbeuse, haute de 10 centimètres, feuilles radicales, étroites, linéaires; en février et mars, fleurs jaunes, bleues, blanches pures ou blanches rayées de violet, selon les variétés qui sont très-nombreuses.

Culture. On plante les Crocus en octobre, en pleine terre ou en pot, en terre légère, ou tout simplement dans de la mousse fraîche. (Propres à faire des bordures.)

Croix de Jérusalem. *Lychnis Chalcedonica.* Plante vivace, haute de 1 mètre, feuilles ovales, lancéolées, dentées; en juin et juillet, fleurs en cimes d'un rouge écarlate, variété à fleurs blanches.

Culture. Pleine terre, tout terrain.

Cuphea miniata. Charmant petit arbuste à feuilles ovales, tout l'été; fleurs nombreuses, d'un rouge vermillon, à calice brun violacé.

Culture. Terre légère, serre tempérée.

Cynoglosse à feuilles de lin. *Cynoglosum linifolium.* Plante annuelle, haute de 33 centimètres, feuilles lanceolées; de juin en août, fleurs blanches en panicule terminale.

Culture. Pleine terre, multiplication de graines semées en place en automne ou au printemps. (Propre aux bordures.)

Cynoglosse printannière. *C. omphalodes.* Plante vivace, haute de 15 centimètres, feuilles persistantes, ovales, pointues; de mars en mai, fleurs terminales d'un beau bleu, avec des raies blanches.

Culture. Pleine terre, exposition un peu fraîche.

Cyclamen d'Alep. *C. Persicum.* Plante vivace à racine tubéreuse, feuilles radicales, cordiformes, panachées de vert et de blanc, rougeâtres en-dessous, fleurs blanches, roses ou rouges, très-odorantes.

Les Cyclamen commencent à fleurir en décembre, et lorsque le tubercule est fort, la même plante donne des fleurs pendant trois et quatre mois.

Culture. Terre de bruyère, serre tempérée comme ces plantes perdent leurs feuilles chaque année, il faut, après la floraison, suspendre les arrosements, et conserver les tubercules dans la terre sèche jusqu'au moment ou ils commencent à végéter.

Dahlia. Plante vivace à racine tubéreuse, tiges herbacées de 65 centimètres à 2 mètres, feuilles ailées à folioles dentées, depuis le mois de juin jusqu'aux gelées; fleurs blanches, jaunes, roses, pourpres et passants de ces couleurs à leurs nuances les plus délicates ou les plus foncées.

Culture. Pleine terre, tout terrain; on plante les Dahlia en mai, et vers la fin d'octobre ou au commencement de novembre, enfin dès les premières gelées, on coupe les tiges, et on arrache les tubercules, que l'on dépose dans une cave bien sèche ou tout autre lieu où la gelée ne puisse pas pénétrer.

Daphne Indica. *D. de l'Inde.* Arbuste toujours vert, à feuilles oblongues, d'un vert tendre. En février et mars, fleurs blanches, odorantes, en ombelles terminales.

Daphné Dauphin. *D. Delphina.* Feuilles persistantes, oblongues, d'un vert foncé; de novembre en avril, fleurs rouge violacé, odorantes.

Culture. Terre de bruyère; serre tempérée.

Daphné thymelé. *D. cneorum.* Tiges rampantes; feuilles linéaires, spatulées; en avril et mai, fleurs roses, odorantes, en ombelles terminales.

Culture. Pleine terre de bruyère, fraîche et au nord.

Datura arborea. *Datura en arbre.* Bel arbrisseau de l'Amérique-Méridionale; feuilles ovales, lancéolées; de juillet en octobre, fleurs blanches, en cornets de 33 centim. environ de longueur, très-odorantes. Variété à fleurs rouges.

Culture. Terre légère, orangerie. Pour avoir cette plante dans toute sa beauté, il faut la mettre en pleine terre pendant l'été.

Datura fastuosa. *Stramoine fastueuse.* Plante annuelle, haute de 70 centimètres; feuilles larges, sinuées ; de juillet en octobre, fleurs simples ou doubles, d'un blanc violâtre. Variété à fleurs blanches, également simples ou doubles.

Datura cerataucola. *Stramoine cornue.* Annuel comme le précédent ; feuilles lancéolées, sinuées, blanchâtres en dessous ; de juillet en octobre, fleurs blanches légèrement teintées de violet, odorantes.

Culture. Pleine terre ; multiplication de graines semées sur couches en mars, ou en pleine terre en avril.

Delphinium azureum. *Dauphinelle azurée.* Pl. vivace, haute de 50 centimètres à un mètre ; feuilles très-découpées, d'un vert glauque ; en juin et juillet, fleurs simples ou doubles, d'un bleu d'azur, en longs épis terminaux.

Culture. Pleine terre, légère, un peu fraîche.

Digitale pourpre. *Digitalis purpurea.* Plante bisannuelle, haute de 50 centimètres à un mètre ; feuilles ovales lancéolées, blanchâtres et cotonneuses ; en juillet et août, fleurs pourpres, roses ou blanches, pendantes en épi terminal.

Culture. Pleine terre ; tout terrain.

Diosma cordata. *Diosma à feuilles en cœur.* Petit arbuste toujours vert, qu'on élève à tige et en boule ; feuilles petites, nombreuses, cordiformes, odorantes ; de mai en juillet, fleurs blanches, en ombelles terminales.

Diosma ambigua. Arbuste à rameaux droits, feuilles linéaires ; de janvier en mars, fleurs d'un blanc, rosée en ombelle.

Culture. Terre de bruyère, serre tempérée.

Doronic du Caucase. *Doronicum Caucasium.* Plante vivace haute de 15 à 20 centimètres Feuilles cordiformes d'un vert-jaune; de mars en mai, fleurs larges, jaunes, solitaires.

Culture. Pleine terre, tout terrain (propres aux bordures).

Dracocephale d'Autriche. *Dracocephalum Austriacum*. Plante vivace haute de 20 à 30 centimètres. Feuilles étroites, lancéolées, dentées ou incisées; de juillet en août, fleurs axillaires d'un bleu pourpré, en épis.

Culture. Pleine terre. Tout terrain.

Ecremocarpus scaber. *E. rude* Plante grimpante haute de 3 à 4 mètres. Feuilles ailées à folioles incisées; en juillet et août, fleurs coccinées, tubuleuses, en grappes latérales.

Culture. Pleine terre, avec couverture l'hiver (propre à garnir les treillages et les berceaux).

Enothère frutescente, *OEnothera fruticosa*. Plante vivace haute de 65 centimètres. Feuilles lancéolées, légêrement dentées; de juin en août, fleurs d'un beau jaune, en grappes, pédonculées et terminales.

Culture. Pleine terre douce, un peu fraîche.

Enothère de Lindley. *OE. Lindleyi*. Plante annuelle haute de 35 à 40 centimètres. Feuilles lancéolées. blanchâtres; de juillet en octobre, fleurs d'un rose tendre, avec une large tache pourpre au milieu de chaque pétale.

Culture. Pleine terre. Multiplication de graines semées en place, en automne ou au printemps.

Epacris campanulata. Arbuste de la Nouvelle-Hollande, à feuilles persistantes, tiges grêles, feuilles pétiolées, cordiformes, acuminées. En mars et avril et quelquefois en automne, fleurs campanulées, rouges ou blanches.

Epacris impressa. Feuilles sessiles, lancéolées, accuminées. Fleurs roses tubulées.

Epacris paludosa. Feuilles étroitement lancéolées, accuminées. Fleurs blanches tubulées.

Culture. Terre de bruyère, serre tempérée.

Ephémère de Virginie. *Tradescantia Virginica.* Plante vivace haute de 40 centimètres. Feuilles lancéolées, linéaires; de mai en octobre, fleurs d'un beau bleu. en ombelle terminale.

Culture. Pleine terre légère et fraîche.

Epicea. *Abies picea.* Arbre vert, de forme pyramidale. Bien qu'il soit susceptible de s'élever à 30 mètres, on peut cultiver l'Epicea en pot pendant sa jeunesse, et il sert en hiver à garnir les vases.

Epi de la Vierge. *Ornithogalum pyramidale.* Plante bulbeuse, à feuilles longues, étalées sur la terre. En juillet, fleurs d'un beau blanc, en longs épis.

Culture. Pleine terre, légère et substantielle.

Erica. *Bruyères.* Arbustes à feuilles persistantes, étroites, alternes, opposées ou verticillées. Fleurs axillaires ou terminales, de forme et de couleur variées. Chaque espèce d'Erica ayant un mode de floraison particulier, il en résulte qu'on en trouve en fleurs en tout temps.

On cultive un nombre considérable d'espèces d'Erica; mais on peut considérer celles qu'on trouve sur les marchés comme dignes, sous tous les rapports, de la préférence des amateurs.

Culture. Terre de bruyère, serre tempérée. Pendant l'été, on place les Ericas dans un endroit un peu ombragé, où ils puissent être préservés des grands vents et des rayons brûlants du soleil

On les rempote chaque année, après la floraison, dans des pots proportionnés à la vigueur des plantes, en ayant soin chaque fois de diminuer un peu la motte, de manière à ne pas augmenter tous les ans la grandeur des pots.

Comme ces plantes sont presque toujours en végétation, elles exigent de fréquents arrosements; toutefois il faut éviter avec soin l'excès d'humidité qui leur est tout aussi funeste que la sécheresse; et il faut, pour conserver les Ericas en bon état, que la terre soit toujours fraîche sans être humide.

Erigeron gabellum. *E. glabre.* Plante vivace haute de 30 centimètres. feuilles radicales, spatulées. Tout l'été et l'automne, fleurs lilacées, à disque jaune, semblables à celles des Asters.

Culture. Pleine terre légère.

Erodium alpinum. *Geranium des Alpes.* Plante vivace, à racine tubereuse, feuilles pubescentes, à lobes dentées. En juin et juillet, fleurs violettes veinees de pourpre, en ombelle.

Culture. Pleine terre, exposition légèrement ombragée.

Erythrine, crête de coq. *Erythrina, crista galli.* Arbrisseau de 1 à 2 mètres, feuilles ailées, à folioles ovales, lancéolées. En juillet et août, fleurs en grappe d'un rouge pourpre.

Culure. Pleine terre, avec couverture l'hiver;

ou bien, ce qui est préférable, on relève les touffes vers la fin de l'automne, et on les dépose dans l'orangerie.

Escholtzia californica. *Escholtzie de la Californie.* Plante bisannuelle, haute de 40 à 50 centimètres, feuilles à divisions linéaires. Tout l'été, fleurs terminales, jaunes, safranées.

Culture. Pleine terre, multiplication de graines semées en place au printemps.

Eucomis punctata. *E. ponctuée.* Plante bulbeuse, à feuilles lancéolées, caniculées, tachetées de points noirs. Hampe de 35 centimètres, terminée par une touffe de petites feuilles. En juillet et août, fleurs verdâtres.

Culture. Terre franche mêlée de terre de bruyère, orangerie.

Eupatorium glechonophyllum. Arbuste de 40 à 50 centimètres, feuilles cordiformes, dentées, d'un vert foncé. En septembre et octobre, fleurs blanches, en corymbe terminale.

Culture. Terre meuble et substantielle, orangerie.

Euphorbia splendens. *Euphorbe brillante.* Arbuste à tige quadrangulaire munie de longue épines acérées, feuilles spatulées. En avril et mai, fleurs d'un rouge-écarlate brillant.

Culture. Terre de bruyère, serre chaude.

Eutoca viscosa. *E. visqueux.* Plante annuelle, haute de 40 à 50 centimètres. Feuilles cordiformes, dentées. Tout l'été, fleurs bleues, en épi unilatéral.

Culture. Pleine terre, multiplication de graines semées au printemps.

Fabiana imbricata. *Fabienne imbriquée.* Arbrisseau à rameaux effilés, feuilles très-courtes, charnues, imbriquées. Au printemps, fleurs blanches, tubuleuses, terminales.

Culture. Terre de bruyère, serre tempérée.

Ficoïde remarquable. *Mesembryanthemum conspicuum.* Plante grasse à tiges rampantes, feuilles triangulaires, pointues, un peu arquées. D'avril en septembre, fleurs grandes, d'un beau rose. Variété à fleurs blanches.

Ficoïde dorée. *M. aureum.* Plante grasse à tiges droites, cylindriques, feuilles longues, cylindriques, d'un vert glabre. de mai en août, fleurs assez grandes, d'un beau jaune.

Ficoïde deltoïde. *M. deltoides.* Plante grasse à tiges rameuses, feuilles épaisses, triangulaires, de couleur blanchâtre. De juin en août, fleurs nombreuses, rose-pâle, odorantes.

Ficoïde glaciale. *M. crystallinum.* Plante annuelle, d'une végétation très-vigoureuse, dont les tiges et les feuilles sont chargées de vésicules transparentes et pleines d'eau qui la font paraître comme couvertes de givre. Fleurs blanches en juillet et août.

Culture. Terre de bruyère pure, ou mêlée de terre franche, serre tempérée. Arrosements modérés en hiver.

On cultive ordinairement les Ficoïdes en pot, mais on peut aussi les mettre en pleine terre pendant l'été.

On obtient même par ce moyen une végétation vigoureuse et une plus grande quantité de fleurs.

Fraxinelle. *Dictamnus fraxinella.* Plante vivace,

haute de 65 centimètres, feuilles semblables à celles du Frêne. En juin et juillet, fleurs purpurines, rayées de pourpre-foncé, et disposées en grappe doite, terminale. Variété à fleurs blanches.

Culture. Pleine terre, tout terrain.

Fuchsia. Les Fuchsias sont des arbustes à rameaux un peu grêles, qu'on élève à tiges, et auxquels on donne une forme à peu près régulière au moyen de pincements répétés; feuilles ovales, lancéolées et dentées; de mai en octobre, fleurs pendantes, rouge plus ou moins foncé, ou blanches avec la corolle rouge, suivant les variétés qui sont très-nombreuses.

Fuchsia fulgens. Plante à racine bulbeuse, tête arrondie, feuilles cordiformes; tout l'été, fleurs pendantes, nombreuses, longues de 8 centimètres, d'un rouge écarlate vif.

Fuchsia corymbiflora. Arbuste de 2 mètres à 2 mètres 50 cent., à rameaux droits; feuilles ovales, allongées; tout l'été, fleurs beaucoup plus grandes que celles du Fuchsia fulgens, disposées en très-longues grappes pendantes, d'un rouge violacé éclatant.

Culture Terre légère, substantielle; orangerie.

Comme beaucoup de plantes d'orangerie, on peut mettre les Fuchsia en pleine terne; ils fleurissent plus abondamment que cultivés en pots, et exigent moins de soins.

Fumeterre bulbeuse. *Fumaria bulbosa.* Plante vivace, haute de 15 centimètres, à racine bulbeuse; feuilles composées, à folioles incisés; en avril, fleurs blanches et pourpres, en épi lâche.

Culture. Pleine terre, exposition ombragée.

Gaillardia picta. *Gaillarde peinte.* Plante vivace, à tige frutescente; feuilles grandes, lancéolées entières ou dentées; tout l'été, fleurs d'un rouge cramoisi bordée de jaune.

Culture. Pleine terre en été, rentrée l'hiver.

Galéga officinal. *G. offiinalis.* Plante vivace, haute de 1 mètre à 1 mètre 30; feuilles ailées, à folioles ovales, lancéolés; en juin et juillet, fleurs bleues ou blanches, en épis.

Culture. Pleine terre, tout terrain.

Gardenia florida. *G. à grandes fleurs jasmin du Cap.* Arbrisseau à fleurs persistantes, ovales, lancéolées, d'un beau vert; en juin et juillet, fleurs blanches passant au jaune, très-odorantes.

Culture. Terre de bruyère, serre chaude.

Gentiane sans tige. *Gentiana acaulis.* Plante vivace, formant de belles touffes dans les terrains où elle se convient; feuilles ovales, lancéolées, persistantes; en avril et mai, fleurs grandes, campanulées, d'un beau bleu d'azur.

Culture. Pleine terre de bruyère, exposition ombragée. (Propre aux bordures.)

Geranium. *Pelargonium.* Plante à tiges molles dans leur premier développement, passant à l'état ligneux l'année suivante; feuilles cordiformes; en mai et juin, fleurs de toutes les nuances, de blanc, de rose, de rouge, unicolores, ou maculées et disposées en ombelles.

Culture. Les Geranium exigent tous la serre tempérée. On les sort ordinairement dans le courant de mai, c'est-à-dire aussitôt que la saison le permet, et on les dispose par rang de taille, de manière à jouir de toute la beauté de leurs fleurs. Pendant l'été, on les arrose souvent, et vers la fin d'août on les taille, ce qui consiste à supprimer les branches faibles et mal placées, puis à couper toutes les branches de l'année à deux ou trois yeux au-dessus de leur insertion. Après la taille, on les rempote (pour la composition de la terre à donner aux Geranium, voir l'article *Rempotage*). On les arrose ensuite, mais modérément, et vers le 15 octobre, on les rentre dans la serre.

Pendant l'hiver, il ne faut arroser les Geranium que lorsqu'il est nécessaire de le faire, afin de ne pas déterminer une végétation trop vigoureuse, et l'on ne fait du feu dans la serre que pour empêcher la gelée de pénétrer; enfin on renouvelle l'air toutes les fois que le temps le permet, et, arrivé au printemps, les arrosements doivent être peu à peu plus abondants et plus fréquents.

Ceux à fleurs rouges, nommés *Zonalés*, sont plus rustiques que les autres et donnent des fleurs depuis le mois d'avril jusqu'aux gelées, ce qui fait qu'on les préfère généralement pour garnir les vases. On peut aussi les mettre en pleine terre pendant l'été, et ils n'exigent pas plus de soin que les plantes vivaces. On les retire à l'automne, on les taille très-court, et on les met en pot.

On multiplie les Géraniums de graines, ou de bouture en août.

Giroflée jaune. *Cheiranthus cheri*. Plante bisannuelle, haute de 40 à 50 centimètres; feuilles étroites, lancéolées; en février et mars, fleurs jaunes et odorantes, en grappe terminale. Variétés à fleurs doubles.

Culture. Pleine terre, tout terrain. On sème la Giroflée jaune de mars en juin; on multiplie celles à fleurs doubles de boutures, et on les cultive en pot pour les rentrer l'hiver.

Giroflée cocardeau. *C. incanus.* Plante bisannuelle, haute de 40 à 50 centimètres; feuilles lancéolées, dentées, blanchâtres; de mai en octobre, fleurs rouges ou blanches, en grappes droites, terminales.

Culture. On sème les Giroflées cocardeau en mai et juin; on repique le plant en pépinière, et on le met en pot en septembre pour le rentrer l'hiver.

Giroflée quarantaine. *G. annuus.* Plante annuelle, plus petite que la précédente. Dans l'été, fleurs rouges, roses ou violettes, suivant la variété.

Culture. On sème les premières Giroflées quarantaine en février ou mars, sur couche.

Plus tard, les semis peuvent avoir lieu en pleine terre, immédiatement en place, et partant de l'époque ci-dessus indiquée; on peut semer des quarantaines jusqu'en juin.

La Giroflée grecque est une variété de quarantaine, que l'on cultive exactement de même.

Glaieuls. Plantes bulbeuses, hautes de 1 mètre à 1 mètre 30 cent. Feuilles linéaires, lancéolées, semblables à celles du roseau; en juillet et août, fleurs en épi, blanches pures ou blanches rosées, rouges safranées, roses ou vermillon, suivant la variété.

Culture. On plante les glaieuls en pleine terre en mars et avril, ou en pot à l'automne, et on les place sous un chassis pour passer l'hiver. Comme presque toutes les plantes bulbeuses, on relève les glaieuls lorsque toutes les feuilles sont sèches.

Gloxinia. Plantes vivaces, à racine tuberculeuse; feuilles amples, ovales, oblongues; en août et septembre, fleurs grandes, campanulées, bleues, roses ou blanches.

Culture. Terre de bruyère, orangerie. Comme ces plantes perdent leurs feuilles chaque année, il faut, après la floraison, suspendre les arrosements, et conserver les racines dans la terre sèche jusqu'en février ou mars.

Glycine sinensis *G. de la Chine.* Arbrisseau grimpant; feuilles ailées, à folioles ovales; en avril, fleurs grandes, bleu pâle, en longues grappes pendantes.

Culture. Pleine terre. Propre à garnir les murs et faire des guirlandes. C'est une des plus belles plantes grimpantes que l'on puisse cultiver.

Gnidia oppositifolia. *Gnidienne à feuilles opposées.* Charmant arbrisseau, de 50 à 60 centim.; feuilles oblongues, lancéolées, d'un vert glauque; en avril, mai et juin, fleurs terminales, blanches, tubulées et soyeuses.

Culture. Terre de bruyère, serre tempérée.

Gorteria rigens *Gortère à grandes fleurs.* Pl. vivace, haute de 15 à 20 centimètres; feuilles radicales, linéaires, blanches en dessous; tout l'été, fleurs d'un beau jaune foncé, ne s'épanouissant qu'au soleil.

Culture. Terre légère et substantielle, orangerie.

Grenadier commun. *Punica granatum.* Arbrisseau très-rustique, à feuilles caduques; en août et septembre, fleurs doubles d'un rouge écarlate au sommet des jeunes rameaux. Variété à fleurs blanches.

On cultive, sous le nom de Grenadier des Antilles, une espèce plus petite que le Grenadier commun, mais qui fleurit beaucoup plus abondamment.

Culture. Pendant l'été, on place les Grenadiers à l'exposition la plus chaude possible; on les cultive en terre substantielle et on les arrose fréquemment. On les taille en automne, de manière à leur donner une forme régulière, puis on les rentre en hiver dans l'orangerie ou dans une cave bien saine.

Grenadille bleue fleur de la passion. *Passiflora cœrulea.* Plante grimpante, avec laquelle on peut faire des guirlandes élégantes; feuilles à cinq lobes ; de juillet en octobre, fleurs blanches, bleues et purpurines.

Culture. Pleine terre, avec couverture l'hiver.

Groseiller à fleurs rouges. *Ribes sanguineum.* Charmant arbuste, de 1 mètre à 1 mètre 50 cent. ; feuilles semblables à celles du groseiller à grappe ; en avril, fleurs d'un rose vif, en grappes pendantes.

Culture. Pleine terre; tout terrain.

Pour avoir de belles fleurs, il faut tailler les Groseillers à fleurs rouges aussitôt qu'ils sont défleuris.

Habrothamnus elegans. *H. élégant.* Arbrisseau à rameaux inclinés; feuilles oblongues, lancéolées; en automne, fleurs pourpres, tubuleuses, réunies en corymbe paniculé.

Habrothamnus fasciculatus. *H. à fleurs en faisceaux.* Tiges plus droites; feuilles plus larges; fleurs rouge orange, en faisceaux terminaux.

Culture. Terre de bruyère, pure ou mélangée; serre tempérée.

Haricot d'Espagne. *Phaseolus coccineus.* Plante grimpante, annuelle ; feuilles semblables à celles des Haricots cultivés dans les potagers. Tout l'été, fleurs en grappe rouge écarlate. Variété à fleurs blanches et à fleurs bicolores.

Culture. Pleine terre. Multiplication de graines semées en avril et mai immédiatement en place.

Héliotrope du Pérou *Heliotropium Peruvianum.* Arbuste de 30 à 40 centimètres ; feuilles ovales, lancéolées ; tout l'été et l'automne, fleurs petites, bleuâtres, à odeur de vanille, disposées en corymbes.

Culture. Terre légère ou terreau pur ; arrosements fréquents en été. L'Héliotrope exige la serre tempérée l'hiver ; mais pendant l'été on peut le mettre en pleine terre ; il fleurit même beaucoup plus abondamment que cultivé en pot.

Héliotrope d'hiver. *Tussilage odorant, Tussilago fragrans.* Plante vivace, à racines traçantes ; feuilles larges, arrondies ; de novembre en janvier, fleurs d'un blanc purpurin, à odeur d'Héliotrope.

Culture. Pleine terre ; tout terrain.

Hellébore à fleurs roses. *Rose de Noël, Helleborus niger.* Plante vivace, haute de 25 à 30 centimètres ; feuilles radicales, grandes, découpées ; en janvier et février, fleurs terminales, grandes, d'un blanc rosé.

Culture. Pleine terre ; exposition légèrement ombragée.

Hémérocalle du Japon. *Hemerocallis Japonica.* Plante vivace à feuilles radicales, cordiformes, marqués de nervures comme celles du Plantain. En août et septembre, fleurs grandes, à tube très-long, d'un beau blanc et d'une odeur suave.

Culture. Pleine terre légère, avec couverture l'hiver, mais seulement pendant les grands froids.

Hémérocalle jaune. *H. flava.* Plante vivace à feuilles longues et étroites. En juin, fleurs jaunes odorantes, semblables au Lis blanc.

Hémerocalle jaune. *H. fulva* Plante vivace plus vigoureuse que la précédente. En juillet et août, fleurs d'un rouge fauve.

Culture. Pleine terre, tout terrain.

Hépatique printanière. *Anemone hepatica.* Plante vivace peu élevée, formant une touffe arrondie. Feuilles radicales divisées en trois lobes. En février et mars, fleurs blanches, roses ou bleues, simples ou doubles, selon la variété.

Culture. Pleine terre légère et fraîche (propre aux bordures).

Hortensia du Japon. *H. opulifolia.* Arbuste sous.ligneux, de 65 centimètres. Feuilles ovales, assez grandes, dentées, d'un beau vert. De juin en novembre, fleurs d'un rouge purpurin, bleues dans certains terrains, en ombelles corymbiformes.

Culture. Pleine terre de bruyère au nord, avec couverture l'hiver.

Houblon cultivé. *Humulus lupulus.* Plante grimpante, à tiges annuelles. Feuilles cordiformes divisées en trois ou cinq lobes. De juin en août, fleurs jaunâtres, en cône écailleux.

Culture. Pleine terre substantielle (propre à garnir les treillages et les berceaux).

Hibiscus rosa sinensis. *Ketmie rose de Chine.* Arbuste à feuilles ovales, pointues, dentées, d'un beau vert. Tout l'été fleurs rouges, simples ou doubles.

Culture. Terre de bruyère, serre chaude.

Hydrangea japonica. *H. du Japon.* Arbuste semblable à l'Hortensia. En août, fleurs en larges ombelles, roses, lilacées au centre, blanches, teintées de rose à la circonférence.

Cette plante est facile à forcer, on en trouve en fleurs chaque année au printemps.

Culture. Pleine terre de bruyère, avec couverture l'hiver.

Immortelle annuelle. *Xeranthemum annuum.* Plante annuelle, haute de 50 à 60 centimètres. Feuilles lancéolées, blanchâtres en dessous. En août, fleurs violettes ou blanches, semblables à celles de la Marguerite blanche simple.

Culture. Pleine terre, multiplication de graines semées en place au printemps.

Immortelle à bractées. *Helichrysum bracteatum.* Plante annuelle, haute de 1 mètre. Feuilles lancéolées, aiguës. Tout l'été et l'automne, fleurs terminales, d'un beau jaune. Variété à fleurs blanches.

Culture. Pleine terre, multiplication de graines semées sur couche au printemps.

Immortelle blanche. *Gnaphalium margaritaceum.* Plante vivace, à racines traçantes, tiges cotonneuses, haute de 50 centimètres. Feuilles linéaires, lancéolées, blanches en dessous. En août et septembre, fleurs en corymbe jaune-souffre.

Culture. Pleine terre, tout terrain.

Iris bulbeuses. On trouve dans le commerce un grand nombre de variétés d'Iris bulbeuses, les unes sont connues sous le nom d'*Iris d'Angleterre*, les autres sous celui d'*Iris d'Espagne*. Elles fleurissent en juin, et méritent toutes d'être cultivées.

Culture. On plante les Iris bulbeuses en pleine terre à l'automne, et on relève les bulbes lorsque les feuilles sont sèches.

Iris d'Allemagne. *I. germanica.* Plante vivace, herbacée, à feuilles longues et pointues. En mai et juin, fleurs grandes, bleues, violacées ou colorées des nuances les plus variées de blanc, de jaune, de bleu, d'azur, de pourpre, etc., suivant les variétés qui sont très nombreuses.

Culture. Pleine terre, tout terrain. Soit en bordures, soit en massif, les Iris d'Allemagne produisent charmant effet au moment de leur floraison.

Iris nain. *I. pumila.* Plante vivace comme la précédente, mais beaucoup plus petite; elle fleurit en mars et avril, et convient particulièrement pour faire des bordures.

Ixora coccinea. *I. écarlate.* Arbrisseau de 40 à 50 centimètres. Feuilles persistantes, ovales, pointues. En juillet et août, fleurs écarlates, tubulées, formant un corymbe au sommet des rameaux.

Culture. Terre de bruyère, serre chaude.

Jacées des jardiniers. *Lychnis dioica.* Plante vivace, haute de 50 à 60 centimètres. Feuilles ovales assez larges. En mai et juin, fleurs assez semblables à de petits œillets, rouges ou blanches.

Culture. Pleine terre, tout terrain.

Jacinthes, *Hyaçinthus orientalis*. Plantes bulbeuses, à feuilles radicales, linéaires, caniculées. En avril, fleurs odorantes, simples ou doubles, en grappe droite, de toutes les couleurs, suivant les variétés qui sont très-nombreuses.

Culture. Il faut aux Jacinthes une terre douce et légère · on les plante en octobre et novembre, soit en pot, soit en pleine terre. Bien qu'il ne soit pas possible de déterminer d'une manière rigoureuse la grandeur des pots à donner aux Jacinthes, on peut dire qu'ils ne doivent pas avoir moins de 12 centimètres de diamètre.

N'importe le mode de culture, il faut enfoncer les ognons dans la terre, de manière qu'ils soient complétement recouverts. Après la plantation, on enfonce les jacinthes cultivées en pot, en pleine terre, ou bien on laisse les pots dehors jusqu'à ce qu'il commence à geler ; car pour avoir une belle floraison, il faut que les ognons soient bien pourvus de racines quand on les place dans l'appartement, autrement l'on n'aurait que des fleurs avortées. Six semaines environ après la plantation, on peut rentrer les pots de jacinthes dans l'appartement, en ayant soin toutefois de les placer le plus près possible des fenêtres; car l'air et la lumière sont on peut dire, les éléments essentiels du succès de cette culture. Quant aux arrosements, ils doivent être plus ou moins fréquents, suivant la température de l'appartement. et assez abondants pour que la terre soit toujours fraîche.

On peut aussi cultiver les jacinthes dans des carafes remplies d'eau que l'on renouvelle, quand elle commence à se corrompre. La forme des carafes est indifférente au succès de l'opération, il suffit, que l'ouverture soit proportionnée à la grosseur des ognons, de manière que la couronne seulement (la partie ou se développe les racines) trempe dans l'eau.

Les seuls soins que nécessitent cette culture, consistent à entretenir l'eau des carafes toujours au même niveau, et comme les jacinthes cultivées en pots, on place celles en carafe près de la lumière, et on leur donne de l'air le plus souvent possible.

Pour compléter ce que nous avons à dire sur la culture des jacinthes, nous ajouterons que l'on peut encore les cultiver dans de la mousse fraîche, que l'on met dans un pot sans trop la fouler. En ayant soin de les arroser souvent, elles fleurissent tout aussi bien que celles cultivées dans la terre. Enfin quelques personnes creusent une betterave ou un gros navet, qu'elles suspendent la tête en bas. Elles placent ensuite une jacinthe dans le trou, et donnent de fréquents arrosements. La betterave ou le navet, développe ses feuilles, qui se dressent autour de l'ognon et l'enveloppent, ce qui produit un effet très-curieux.

Jasmin blanc. *Jasminum officinale.* Arbrisseau sarmenteux que l'on peut tailler en boule; feuilles ailées à folioles ovales; de juillet en octobre, fleurs blanches en bouquets terminaux.

Culture. Pleine terre à bonne expositien, ou bien orangerie l'hiver.

Jasmin à grandes fleurs. *J, d'Espagne.* Arbuste moins rustique que le précédent; fleurs blanches en dedans, rougeâtres en dehors, également odorantes.

Culture. Terre légère, serre tempérée.

Jasmin des Açores. *J. Azoricum.* Charmant arbrisseau à feuilles persistantes, très-larges, formant une tête arrondie ; en août, fleurs blanches à odeur suave.

Culture. Terre de bruyère, serre tempérée.

Jasmin jonquille. *J. odoratissima*. Arbrisseau plus élevé que le précédent; feuilles persistantes simples ou ternéés, d'un beau vert ; presque toute l'année, fleurs jaunes à odeur de jonquille, en bouquets terminaux.

Culture. Terre légère, mais substantielle ; orangerie.

Jasmin de Virginie. *Bignonia Capensis*. Arbrisseau grimpant, d'une végétation très-vigoureuse ; feuilles ailées à folioles ovales, profondément dentées; en juillet et août, fleurs très-grandes, d'un rouge écarlate.

Culture. Pleine terre, tout terrain. (Propre à garnir les murs.)

Jonquille. *Narcissus jonquilla*. Plante bulbeuse à feuilles presque cylindriques, comme celles du jonc; en avril, fleurs jaunes très-odorantes, simples ou doubles.

Culture. On plante les jonquilles en septembre en pleine terre, puis on relève les ognons lorsque les feuilles sont sèches.

Julienne des jardins. *Hesperis matronalis*. Plante vivace, haute de 65 centimètres à 1 mètre ; feuilles lancéolées, aiguës, dentées; de mai en juillet, fleurs odorantes, blanches ou violettes, ressemblant à celles des giroflées.

Culture. Pleine terre, franche et substantielle.

Justicia velutina. *J. pubescente*. Plante sous-ligneuse; feuilles grandes, oblongues; fleurs roses en gros épi terminal. Cette belle plante n'a pas d'époque déterminée pour fleurir, et on en trouve en fleurs pendant presque toute l'année.

Culture. Terre de bruyère, serre chaude.

Kalmia latifolia. *Kalmie à larges feuilles.* Arbrisseau de 1 mètre à 1 mètre 20; feuilles oblongues, aiguës; en juin, fleurs nombreuses, roses ou carnées, en larges corymbes terminaux.

Culture. Pleine terre de bruyère, au nord.

Lantana camara. *L. à fleurs variées.* Petit arbrisseau toujours vert; feuilles ovales, dentées; tout l'été, fleurs réunis en petits corymbes, d'abord jaunes, puis rouges ou lilas.

Culture. Terre légère, serre chaude.

Laurier rose. *Nerium oleander.* Arbrisseau naturellement en buisson; feuilles lancéolées, pointues, d'un vert foncé; de juin en octobre, fleurs roses, simples ou doubles, en corymbe terminal. Variété à fleurs blanches.

Culture. Terre légère et substantielle, orangerie. A défaut d'orangerie, on peut placer les Lauriers roses comme les grenadiers dans une cave bien saine ou dans tout autre endroit où la gelée ne puisse pas pénétrer.

Pendant l'été, il faut mettre les Lauriers roses à une exposition chaude, autrement ils ne fleuriraient pas; souvent même, lorsque l'été est humide et froid, il faut mettre ceux à fleurs doubles dans la serre pour les faire fleurir.

Laurier tin *Viburnum tinus.* Arbrisseau toujours vert, qu'on élève en boule; feuilles ovales, pointues, d'un vert foncé; en mars et avril, fleurs blanches en ombelle corymbiforme.

Culture. Pleine terre légère, exposition ombragée. Dans les hivers rigoureux, il faut les couvrir ou les rentrer dans l'orangerie.

Lavatère à grandes fleurs *Lavatera trimestris.* Plante annuelle, haute de 65 centimètres ; feuilles cordiformes, crénelées ; de juillet en septembre, fleurs grandes, roses ou blanches.

Culture. Pleine terre, multiplication de graines semées en place au printemps.

Leschenaultia formosa *L. agréable.* Charmant petit arbuste à fleurs pourpre-cocciné, ayant le port d'une bruyère, mais d'une conservation difficile.

Culture. Terre de bruyère, serre tempérée.

Lierre grimpant. *Hedera helix.* Arbrisseau grimpant d'une grande rusticité ; feuilles persistantes, plus ou moins lobées. En septembre et octobre, fleurs petites, verdâtres, en petites ombelles terminales. Variété à feuilles plus larges.

Culture. Pleine terre, tout terrain. On peut aussi cultiver le lierre en caisse, pour avoir pendant l'hiver de la verdure dans les appartements.

Lilas commun. *Syringas vulgaris.* Arbrisseau à feuilles cordiformes, pointues ; en avril et mai, fleurs violettes, plus ou moins foncées, en panicules terminales. Variété à fleurs blanches.

Culture. Pleine terre, tout terrain. Pour ne pas être privé de fleurs, il faut tailler les lilas aussitôt qu'ils sont défleuris, autrement ils ne fleuriraient que l'année suivante.

Lilas de terre. *Muscari monstrueux.* Plante bulbeuse donnant en juin une grosse grappe de fleurs bleu violacé.

Culture. On plante les bulbes en pleine terre en automne, et ils peuvent rester plusieurs années sans être relevés.

Lin vivace. *Linum perenne.* Plante vivace, haute de 50 à 60 centimètres; feuilles lancéolées; de juin en août, fleurs d'un joli bleu.

Culture. Pleine terre; tout terrain.

Lis blanc. *Lilium candidum.* Plante bulbeuse, haute de 1 mètre environ; en juin et juillet, fleurs blanches odorantes, en grappes lâches terminales.

Lis orangé. *L. croceum.* Plante bulbeuse, haute de 1 mètre à 1 mètre 30 centim.; en juin, fleurs pendantes, d'un rouge safrané, ponctuées de noir, en grappes terminales.

Lis Martagon. *L. Martagon.* Plante bulbeuse, haute de 65 centimètres à 1 mètre; en juillet et août, fleurs pendantes, rouge pourpre ponctué de noir, également en grappe terminale. Variété à fleurs blanches.

Culture. On cultive les Lis en pleine terre, et ils doivent être plantés aussitôt qu'ils sont défleuris; autrement ile ne fleuriraient que l'année suivante.

Lis à feuilles en fer de lance. *L. lancifolium, L. speciosum.* Plante bulbeuse, haute de 1 mètre; en septembre, fleurs blanches ponctuées de pourpre, ou rouge pâle, également ponctuées.

Culture. On plante les Lis lancifolium au printemps en terre de bruyère pure, ou dans une terre composée de terre de bruyère et de terreau bien consommé; puis on les retire en automne pour les mettre en pots qu'on dépose dans un endroit où la gelée ne puisse pas pénétrer.

Loasa lateritia. *L. à fleurs rouges.* Plante bisannuelle, grimpante; feuilles insicées, couvertes de poils brûlants; tout l'été, fleurs rouge-orange.

Culture. Pleine terre pendant l'été; multiplication de graines semées en pot en automne. (Propre à garnir les treillages.)

Lobelia fulgens. *Lobélie brillante.* Plante vivace, haute de 1 mètre à 1 mètre 30 cent.; feuilles lancéolées; de juillet en octobre, fleurs d'un beau rouge, en grappes.

Culture. Pleine terre, légère, en été.

Lophospermum erubescens. *L. grimpant.* Pl. vivace, grimpante; feuilles cordiformes, dentées; tout l'été, fleurs roses tubuleuses.

Culture. Pleine terre, en été. (Propre à garnir les treillages.)

Lupins annuels. Hauteur: 50 centimètres à 1 mètre 30 cent.; feuilles composées de 6 à 12 folioles; de mai en juillet, fleurs bleues, roses, blanches ou jaunes, en épis terminaux.

Culture. Pleine terre légère. Multiplication de graines semées en place en avril.

Lupins vivaces. Hauteur: 1 mètre environ; feuilles semblables à celles des lupins annuels; en mai fleurs bleues ou blanches, en épis terminaux.

Culture. Pleine terre légère.

Lychnis grandiflora. *L. à grandes fleurs.* Pl. vivace, haute de 65 centimètres à 1 mètre; feuilles ovales, aiguës; en juin et juillet, fleurs terminales, d'un beau rouge de minium.

Culture. Pleine terre légère, ou mieux terre de bruyère.

Magnolia grandiflora. *Mag. à grandes fleurs.* Grand et bel arbre, à feuilles persistantes, ovales ou lancéolées, d'un vert luisant en dessus, garnies en dessous d'un duvet couleur de rouille; de juillet en octobre, fleurs très-grandes, d'un beau blanc, odorantes.

Culture. Pleine terre, douce, profonde et substantielle. On peut aussi le cultiver en caisse et en terre de bruyère.

Mahonia aquifolia. *Mahonie à feuilles de houx.* Arbrisseau toujours vert; feuilles ailées, à folioles ovales; en mars et avril, fleurs jaunes, en grappes, droites.

Culture. Pleine terre, légère et fraîche.

Malope à grandes fleurs. *M. grandiflora.* Pl. annuelle, haute de 65 centimètres; feuilles à trois lobes; tout l'été, fleurs rouges, semblables à celles des Mauves lavatères.

Culture. Pleine terre. Multiplication de graines semées en place au printemps.

Marguerite blanche. *Chrysantheme frutescens.* Arbrisseau de 50 centimètres toujours vert; feuilles pennées, incisées; fleurs blanches terminales, se succédant une grande partie de l'année.

Culture. Terre légère et substantielle; orangerie.

Martynia angulosa. *M. à petites cornes.* Plante annuelle, haute de 30 à 40 centimètres; feuilles cordiformes, anguleuses; en août et septembre, fleurs campanulées, blanches, marquées de taches pourpres.

Culture. Pleine terre en été. Multiplication de graines semées au printemps.

Matricaire mendiane. *Matricaria parthenioides*. Pl. vivace, haute de 50 cent., à feuilles profondément découpées; tout l'été et l'automne, fleurs blanches, très-doubles, en corymbe paniculé.

Culture. Pleine terre, avec couverture l'hiver.

Mauve d'Alger. *Malva Manritiana*. Plante annuelle, haute de 2 mètres; feuilles arrondies, à 5 ou à 7 lobes; en juillet, fleurs purpurines assez grandes, rayées de la même couleur plus foncée.

Culture. Pleine terre. Multiplication de graines semées au printemps.

Mauve campanulée. *Malva campanulata*. Pl. vivace, que l'on cultive comme plante annuelle; feuilles tripennatifides; tout l'été, fleurs blanches, rosées à odeur de vanille.

Culture. Pleine terre. Multiplication de graines semées en automne ou au printemps sur couche.

Megasea ciliata. Plante vivace, qu'on cultive en pot pour jouir de toute la beauté de ses fleurs; feuilles persistantes, épaisses, ovales et très-grandes; en février et mars, fleurs d'un blanc rosé, en grappes terminales.

Culture. Pleine terre, légère et fraîche.

Metrosideros lophanta. *M. en panache*. Arbrisseau de 50 à 60 centimètres, à feuilles persistantes, lancéolées; en juillet, fleurs rouges autour des rameaux, en forme de goupillon rouge foncé.

Culture. Terre de bruyère, serre tempérée.

Mignardise petit œillet. *Dianthus moschatus.* Plante vivace à feuilles étroites, d'un vert glauque ; en mai et juin, fleurs nombreuses, simples ou doubles, blanches, rouges, roses ou blanches, avec une couronne pourpre.

Culture. Pleine terre. (Propre aux bordures.)

Mimosa lophantha. *Acacia à deux épis.* Arbrisseau à feuilles bipennées, oblongues, aiguës ; en automne.

Au printemps, fleurs petites, jaune-souffre, légèrement odorantes, en houppes longues et légères.

Mimosa paradoxa. *A. ondulé.* Arbrisseau à feuilles oblongues, à pointes recourbées. Au printemps, fleurs couvrant les rameaux.

Mimosa longifolia. *A. à longues feuilles.* Arbrisseau à feuilles lancéolées. Au printemps, fleurs d'un jaune citron, en épis cylindriques.

Mimosa dealbata. *A. blanchâtres.* Arbres à feuilles bipennées. Au printemps, fleurs jaunes, odorantes, réunies par petites têtes globuleuses, disposées en grappes paniculées.

Culture. Terre de bruyère, serre tempérée.

Mimulus guttatus. *M. ponctué.* Plante vivace, à tiges herbacées. Feuilles ovales, dentées. Tout l'été, fleurs d'un beau jaune, ponctuées de rouge.

Mimulus cardinalis. *M. cardinal.* Plante vivace également à tiges herbacées, feuilles lancéolées, dentées. Tout l'été et l'automne, fleurs d'un rouge écarlate.

Mimulus moschatus. *M. musqué.* Plante vivace, à tiges rampantes. Tout l'été, fleurs jaunes, répandant de toutes ses parties une forte odeur de musc.

Culture. Pleine terre légère et fraîche, exposition un peu ombragée.

Monarde à fleurs rouges. *Thé d'Oswego. Monarda didyma.* Plante vivace, haute de 50 centimètres, feuilles ovales, pointues, d'un beau vert. De juin en août, fleurs et têtes d'un écarlate-foncé.

Culture. Pleine terre légère et substantielle, couverture l'hiver.

Muflier des jardins. *Antirrhinum majus.* Plante bisannuelle, haute de 40 à 50 centimètres, feuilles lancéolées. De mai en août, fleurs en épi, blanches, roses ou jaune, unicolores, striées ou ponctuées.

Culture. Pleine terre, tout terrain, multiplication de graines semées en automne ou au printemps.

Muguet de mai. *Convallaria maïalis.* Plante vivace, à racines traçantes, feuilles radicales, ovales, lisses. En mai fleurs, blanches en forme de grelots. Variétés à fleurs doubles et à fleurs roses.

Culture. On plante le Muguet en février et mars, en pleine terre légère et fraîche, à une exposition ombragée.

Myoporum parvifolium. *M. à petites feuilles.* Plante à rameaux diffus, feuilles linéaires, spatulées. Tout l'été, fleurs blanches, petites, réunies par deux ou trois dans l'aisselle des feuilles.

Culture. Terre légère, serre tempérée.

Myosotis palustris. *Souvenez-vous de moi, Scorpione des marais.* Plante vivace, à tiges rampantes, feuilles oblongues, étroites. D'avril en août, fleurs d'un bleu céleste disposées en épi uni-latérale.

Culture. Pleine terre légère et fraîche, exposition un peu ombragée.

Myrte commun. *Myrtus communis.* Arbrisseau toujours vert que l'on élève à tige en boule, feuilles ovales ou lancéolées. Tout l'été, fleurs blanches, simples ou doubles.

On cultive plusieurs variétés de Myrte qui diffèrent entre elles par la grandeur des feuilles.

Culture. Terre de bruyère, orangerie.

Narcisse blanc, N. de poète. *Narcissus poeticus.* Plante bulbeuse, à feuilles linéaires. En mai, fleur blanche, odorante, à couronne bordée de pourpre. Variété à fleur double, d'un blanc pur.

Narcisse des prés. *N. pseudo narcissus.* Plante bulbeuse, feuilles semblables à celles du Narcisse blanc. En avril, fleur jaune. Variété à fleur double.

Culture. On plante les Narcisses en octobre, en pleine terre, et on peut laisser les bulbes plusieurs années sans les relever (ils sont tous deux propres à faire des bordures).

Narcisse de Constantinople. *N. à bouquet.* Plante bulbeuse, à feuilles longues et étroites, fleurs blanches, odorantes, disposées en bouquet.

Culture. On plante les Narcisses de Constantinople en septembre et octobre, en pot, ou sur des carafes remplies d'eau, que l'on place dans l'appartement, et ils fleurissent en janvier et février.

Nemophille insignis. *N. remarquable.* Plante annuelle, à tiges rameuses, feuilles pennatifides Tout l'été, fleurs d'un beau bleu.

Culture. Pleine terre, multiplication de graines semées en place au printemps, ou en pot à l'automne (propre à faire des bordures).

Nigelle de Damas. *Cheveux de Vénus. Nigella damascena.* Plante annuelle, haute de 50 centimètres, feuilles très finement découpées. De juin en septembre, fleurs bleues entourées d'une collerette multifide.

Culture. Pleine terre, multiplication de graines semées en place, en avril.

Noyer des Indes. *Justicia adhatoda.* Arbrisseau à feuilles persistantes, grandes, lancéolées, d'un vert jaune. En juin et juillet, fleurs blanches, tubulées, en épi.

Culture. Terre substantielle, orangerie. Arrosements fréquents en été.

Œillet des fleuristes. *Dianthus caryophyllus.* Plante vivace, à feuilles longues, étroites et pointues; en juin et juillet, fleurs de plusieurs couleurs, exhalant une odeur de giroflée.

Culture. On cultive les œillets en pleine terre ou eu pots. En pleine terre, ils résistent aux froids les plus rigoureux; mais il faut, pendant les fortes gelées, rentrer ceux cultivés en pots.

On multiplie les œillets de graines semées en avril, ou de marcottes après la floraison, ce qui est préférable quand on veut seulement augmenter le nombre des variétés qu'on possède. On marcotte les œillets cultivés en pleine terre, autour de la plante; mais avant, on fend la branche en long, à moitié de son épaisseur, et immédiatement au-dessous d'un nœud; puis on la couche en terre, de manière que les parties séparées restent un peu écartées; ou bien, au lieu de faire une incision longitudinale, on taille tout simplement la branche à mi-bois, juste au-dessous d'un nœud.

Pour multiplier les œillets en pot, on prépare les marcottes comme nous venons de l'indiquer, puis on fait un cornet avec du plomb laminé, que l'on roule autour de la branche; on le maintient à la hauteur nécessaire au moyen d'une baguette; on l'emplit de terre fine, et quel que soit le moyen employé, il faut arroser fréquemment, de manière que la terre soit toujours fraîche.

On sèvre les marcottes d'Œillet dans le courant d'octobre, et on les traite comme les vieux pieds.

Œillet de poète. *O. barbu, Bouquet parfait. D. barbatus.* Plante trisannuelle, haute de 30 à 40 centimètres; feuilles lancéolées pointues; en juin et juillet, fleurs nombreuses, rouges, roses, blanches ou panachées, disposées en ombelle.

Culture. Pleine terre; tout terrain. Multiplication de graines semées en août.

Œillet d'Espagne. *D. Hispanicus.* Cette espèce a quelques rapports à la précédente; en juin, fleurs doubles, rouge pourpre, odorantes.

Culture. Pleine terre légère. (Propre aux bordures.)

Œillet de la Chine. *D. sinensis.* Plante annuelle, haute de 30 centimètres; feuilles étroites, pointues, d'un beau vert; de juillet en septembre, fleurs solitaires, rouge vif, pourpre, panachées ou ponctuées de blanc, réunies en bouquet.

Culture. Pleine terre. Multiplication de graines semées au printemps.

Œillet d'Inde. *Tagetes patula.* Plante annuelle, haute de 40 centimètres; feuilles ailées, à folioles dentés; de juillet en octobre, fleurs orangées veloutées, mêlées de jaune.

Culture. Pleine terre. Multiplication de graines semées au printemps.

Oranger. *Citrus.* Ce bel arbre est trop connu pour avoir besoin d'être décrit.

L'Oranger est de culture facile; mais sous le climat de Paris, il faut le rentrer l'hiver dans une serre, ou dans une pièce de l'habitation où la gelée ne puisse pas pénétrer. On le sort ordinairement vers le 15 de mai, et on le rentre dans la seconde quinzaine d'octobre. Pendant l'été, on place les Orangers à bonne exposition, et, autant que possible, à l'abri du vent; puis on les arrose de manière que la terre soit toujours fraîche.

Lorsque les orangers jaunissent, c'est qu'ils ont besoin d'être rencaissés plus grandement, ou bien que la terre est trop humide. Ainsi, n'importe la cause, il est toujours facile de remédier au mal. Sans qu'il soit possible de déterminer d'une manière précise le temps qu'ils peuvent rester dans la même caisse, on peut dire que, pendant leur jeunesse, il faut rencaisser les Orangers tous les deux ou trois ans. Cette opération doit avoir lieu au printemps, et la terre qui convient le mieux aux orangers doit être composée comme nous l'avons indiqué à l'article Rempotage, de un quart terre franche, un quart bonne terre de potager, un quart terre de bruyère, et un quart terreau gras.

Enfin, on taille les orangers en septembre, ce qui consiste à couper l'extrémité des branches les plus longues, de manière à donner aux arbres une forme régulière.

Sous le nom de *Citronnier de la Chine*, on trouve sur les marchés un petit arbuste à rameaux effilés garnis d'épines, qui fleurit presque toute l'année ; en le cultive en terre de bruyère, et on le rentre l'hiver en serre tempérée.

Oranger à feuilles de myrte. *Chinois nain. Citrus myrtifolia.* Cette espèce a les feuilles beaucoup plus petites que celles de l'Oranger. Son fruit est petit, de forme arrondie, et sert à faire les conserves connues sous le nom de Chinois.

Oreille d'ours. Auricule. *Primula auricula.* Pl. vivace, peu élevée, feuilles ovales, arrondies et dentées, les unes d'un vert glabre, les autres farineuses; en avril et mai, fleurs en ombelle, de toutes les nuances de bleu ou de pourpre, à centre blanc ou jaune, selon les variétés, qui sont très-nombreuses.

Culture. On cultive les Oreilles d'ours en pleine terre légère et substantielle, à une exposition ombragée, ou bien en pot. Ces plantes ne craignent pas le froid; mais l'humidité leur est funeste, et il faut en automne et pendant les temps de pluie coucher les pots pour que l'eau n'y séjourne pas.

Pancratium caryboeum. *P. des Antilles.* Plante bulbeuse, à feuilles longues et pointues; fleurs nombreuses, blanches, odorantes. Lorsque le pied est fort, cette belle plante fleurit deux ou trois fois dans le courant de l'été.

Culture. Terre de bruyère, serre chaude.

Paquerettes vivaces. *Petites marguerites. Bellis perennis.* Plante vivace à feuilles spatulées, formant de petites touffes arrondies ; en mars et avril, fleurs doubles, blanches, roses, rouges ou panachées.

Culture. Pleine terre ; tout terrain. (Propre aux bordures.)

Pavot des jardins. *Papaver somniferum.* Plante annuelle, haute de 65 centimètres à 1 mètre, feuilles larges et dentées, d'un vert glauque. En juin et juillet, fleurs simples ou doubles, de toutes couleurs.

Culture. Pleine terre, multiplication de graines semées en place, en automne.

Pensée à grandes fleurs. *Viola tricolor.* Plante annuelle, peu élevée, à feuilles oblongues et incisées. En avril et mai, et successivement pendant tout l'été et l'automne, fleurs larges, à pétales arrondis, unicolores, ou nuancées de couleurs vives et tranchantes.

Culture. Pleine terre, exposition légèrement ombragée pour avoir de belles fleurs, multiplication de graines semées en août.

Pentstemon gentianoides. *P. à feuilles de gentiane.* Plante vivace haute de 65 centimètres, feuilles oblonges, Tout l'été, fleurs tubulées, pourpre-foncé, et disposées en longues grappes unilatérales.

Culture. Pleine terre légère.

Perce-neige. *Galanthus nivalis.* Plante bulbeuse, peu élevée, donnant en février une ou deux fleurs blanches légèrement rayées de vert.

On cultive aussi, sous le nom de Perce-neige, une plante bulbeuse nommée *Leucoium vernum*; elle donne en mars une fleur blanche régulièrement bordée de vert,

Culture. On cultive les Perce-neiges en pleine terre légère et fraîche.

Pervenche grande. *Vinca major.* Plante vivace, à tiges rampantes ou grimpantes', feuilles persistantes, d'un vert foncé. Tout l'été, fleurs bleues ou blanches. Variété plus petite, également à feuilles persistantes.

Culture. Pleine terre, à l'ombre. Propre à garnir les murs, les rochers ou le dessous des grands arbres.

Pervenche de Madagascar. *V. rosea*. Plante sous-ligneuse, de serre chaude, que l'on cultive comme plante annuelle, feuilles oblongues, d'un vert lisse. Tout l'été et l'automne, fleurs roses ou blanches, à centre rouge.

Culture. Pleine terre légère en été, ou mieux en pot. On sème la Pervenche, en janvier ou février, sur couche; mais comme les semis exigent beaucoup de chaleur et des soins assidus, il est préférable d'acheter des pieds tout élevés.

Petunia. Plante sous-ligneuse, de serre tempérée, que l'on peut cultiver comme plante annuelle, feuilles un peu épaisses, ovales, d'un vert tendre. Tout l'été et l'automne, fleurs larges, pourpres, blanches ou roses, selon les variétés qui sont très-nombreuses.

Culture. Pleine terre en été, multiplication de graines semées sur couche, au printemps, ou de bouture en mars.

Phacelia congesta. *P. bipennée*. Plante annuelle, haute de 35 à 40 centimètres. Tout l'été, fleurs bleues disposées comme celle de l'Héliotrope.

Culture. Pleine terre, multiplication de graines semées en place, en automne ou au printemps.

Phlomis leonorus. *P. queue de lion*. Arbrisseau de 1 à 2 mètres, feuilles lancéolées, dentées en scie, d'un vert foncé. En août, septembre et octobre, fleurs aurore très-vif, disposées en épi le long des tiges et des rameaux.

Culture. Pleine terre légère en été, orangerie en hiver.

Phlox. Plantes vivaces plus ou moins élevés, à feuilles lancéolées. Tout l'été, fleurs roses, pourpres, lilas, gris de lin, blanc pur, ou blanc lamé de différentes couleurs ; en corymbe ou en grappe paniculée.

Culture. On cultive un grand nombre de Phlox qui tous se rapportent à deux races, l'une connue sous le nom de Phlox ligneux ; l'autre sous celui de Phlox sous-ligneux, ou *suffruticosa.*

Les Phlox ligneux sont rustiques et viennent dans tous les terrains. Les sous-ligneux sont plus délicats, il leur faut une terre douce, quelques-uns même exigent la terre de bruyère.

Phlox subulé. *P. subulata.* Plante vivace à tiges rampantes et à feuilles persistantes. D'avril en mai, fleurs roses marquées d'une étoile d'un pourpre violet.

Culture. Pleine terre, exposition un peu ombragée (propre aux bordures).

Pimelea decussata. *P. à feuilles en croix.* Arbrisseau de 40 à 50 centimètres, à feuilles ovales, persistantes, Tout l'été, fleurs roses, en ombelles terminales.

Pimelea spectabilis. *P. élégant.* Arbrisseau de 30 à 40 centimètres, à feuilles lancéolées. En avril et mai, fleurs soyeuses, blanches, également en ombelle.

Culture. Terre de bruyère, serre tempérée.

Pin du lord. *Pinus strobus.* Arbre vert de forme pyramidale, à feuilles longues, d'un vert tendre, que l'on peut cultiver en pot pendant sa jeunesse. Il sert en hiver à garnir les vases des perrons.

Pittosporum undulatum. *P. à feuilles ondulées.* Arbrisseau de 1 à 2 mètres, feuilles persistantes, ovales, ondulées, d'un vert lisse. Au printemps, fleurs blanches odorantes, disposées en bouquets terminaux.

Culture. Terre légère mêlée de terre de bruyère, orangerie.

Pivoines herbacées. Plantes vivaces à racines tubéreuses, hautes de 55 centimètres, feuilles ternées ou biternées, à folioles ovales. En mai, fleurs grandes et belles, blanches, roses ou pourpres, suivant la variété.

Culture. Toutes les Pivoines herbacées, sont de pleine terre; on les plante en septembre, autrement elles fleurissent mal, ou elles ne fleurissent que l'année suivante.

Pivoines ligneuses. Arbustes de 65 centimètres à 1 mètre; feuilles semblables à celles des pivoines herbacées; en avril et mai, fleurs très-doubles, rose vif au centre, rose tendre sur les bords. Variété à fleurs blanches.

Culture. On cultive les Pivoines en arbre en pleine terre; mais comme elles entrent en végétation de très-bonne heure, il faut avoir soin de les garantir contre les gelées du printemps.

Pois de senteur. *Gesse odorante, lathyrus odoratus.* Plante annuelle grimpante; feuilles à deux folioles ovales. Tout l'été, fleurs odorantes, violettes, roses ou blanches, semblables à celles des pois, cultivées dans les potagers.

Culture. Pleine terre. Multiplication de graines semées en place en automne et au printemps.

Polygala speciosa. *P. à belles fleurs.* Arbuste de 50 centimètres à 1 mètre, à feuilles lancéolées; en juin et juillet, fleurs d'un violet pourpre, semblables à celles des pois.

Culture. Terre de bruyère, serre tempérée.

Potentilla Nepaulensis. *P. du Népaul.* Plante vivace, haute de 65 centimètres; feuilles radicales, semblables à celles des fraisiers; tout l'été, fleurs d'un beau rouge incarnat, disposées en corymbe.

Culture. Pleine terre, tout terrain.

Primevères des jardins. *Primula veris.* Plantes vivaces, peu élevée; feuilles radicales ovales et dentées; en mars, fleurs simples ou doubles de toutes nuances, disposées en ombelles.

Culture. Pleine terre, tout terrain (propre aux bordures).

Primevère de la Chine. *P. Sinensis.* Plante herbacée à feuilles cordiformes dentées ou incisées; de novembre en mars, fleurs nombreuses, roses ou blanches, en ombelles.

Culture. Terre légère, ,serre tempérée. Le Primula Sinensis est une des plantes qui conviennent le mieux pour mettre dans les appartaments pendant l'hiver.

Pulmonaire de Virginie. *Pulmonaria Virginica.* Plante vivace, haute de 50 à 60 centimètres, à feuilles obtuses; en mars et avril, fleurs bleues, en bouquets paniculés et pendants.

Culture. Pleine terre, tout terrain.

Pultenæa Daphnoïdes. *P. à feuilles de Daphné.* Arbrisseau de 40 à 50 centimètres à feuilles en coin; en mai, fleurs d'un beau jaune, disposées en bouquets.

Culture. Terre de bruyère, serre tempérée.

Reine-Marguerite. *Aster Sinensis.* Plante annuelle, haute de 20 à 65 centimètres. On possède aujourd'hui un nombre considérable de variétés de toutes nuances, qu'on divise en huit races et dans l'ordre suivant : Anémone naine, Naine de Varsovie, Pyramidale naine, Hybride de Varsovie, de la Chine (cette race a produit une sous-variété plus hâtive, cultivée sous le nom de Naine hâtive), Anémone grande, Pyramidale grande et Tardive d'Allemagne.

Culture. Semées de mars en juin, puis repiquées en pépinière, les Reines-Marguerite donnent des fleurs depuis le mois de juillet jusqu'aux gelées.

Renoncule des jardins. *Ranunculus Asiaticus.* Plante vivace, haute de 20 à 25 centimètres ; feuilles ternées, à folioles dentés ; de la fin d'août au commencement de juin, fleurs solitaires, simples, semi-doubles ou doubles, de presque toutes les couleurs.

Culture. On plante les griffes de Renoncules vers la fin de décembre ou bien en février et mars, en pleine terre, à environet 5 centimètres de profondeur et l'on observe tout ce que nous avons indiqué en traitant de la culture des anémones.

Réséda odorant. *R. odorata.* Plante annuelle, à feuilles oblongues ou trilobées; tout l'été et l'automne, fleurs petites, verdâtres, très-odorantes.

Culture. On sème du Réséda presque toute l'année, soit en pot, soit en pleine terre. Pour avoir de beaux Résédas, il faut le semer très-clair et avoir soin de ne pas le laisser monter à graines.

Réséda en arbre. Semé ou repiqué séparément, le Réséda odorant devient ligneux. Lorsque la tige est arrivée à une certaine hauteur, on peut, au moyen de pincements répétés, obtenir des Résédas à tête arrondie, que l'on traite comme des plantes de serre tempérée. Avec des soins, on peut facilement les conserver plusieurs années.

Rhodanthe de Mangles. *Rhodanthus Manglesii.* Plante annuelle, haute de 20 à 25 centimètres; feuilles lancéolées; tout l'été, fleurs rose foncé, semblables à de petites immortelles.

Culture. Terre de bruyère, à l'ombre. Multiplication de graines semées sur couches au printemps.

Rhododendrum ponticum. *R. à fleurs violettes.* Arbrisseau de 2 à 3 mètres; feuilles persistantes, lancéolées, pointues, d'un vert foncé en dessus; en mai, fleurs d'un pourpre violacé en corymbes terminaux.

Rhododendrum maximum. *R. à feuilles larges.* Plus élevé que le précédent; feuilles oblongues, d'un vert tendre en dessus, pâle en dessous; en juin et juillet, fleurs roses. Variétés à fleurs blanches.

Culture. Les Rhododendrum ponticum, maximum et leurs variétés sont de pleine terre de bruyère. On rempote ceux cultivés en pot après la floraison, et on les place à une exposition ombragée. N'importe le mode de culture, il faut arroser les Rhododendrum fréquemment, surtout pendant l'été.

Rhododendrum arboreum. *R. en arbre.* Feuilles persistantes, d'un vert foncé en dessus, blanches ou couleur de rouille en dessous; en avril et mai, fleurs rouges, blanches, roses ou jaunes, suivant les variétés qui sont très-nombreuses.

Culture. On cultive les Rhododendrum arboreum en pot ; mais on peut aussi les placer en pleine terre pendant l'été ; de cette manière, on obtient même une végétation beaucoup plus vigoureuse. A l'automne, on les relève pour les mettre en pot ou en caisse, puis on les rentre dans la serre tempérée.

Rochea falcata. *R. à feuilles en faulx.* Plante grasse dont les feuilles sont épaisses, charnues et d'un vert grisâtre; en août, fleurs nombreuses, d'un beau rouge, disposées en corymbe.

Culture. Terre de bruyère, serre tempérée, arrosements modérés en été, et pas d'eau en hiver.

Rose tremière. *Alcea rosea.* Plante vivace, haute de 2 mètres à 2 mètres 65 cent.; feuilles larges, arrondies ; de juillet en septembre, fleurs simples, semi-doubles ou doubles, de diverses couleurs, le long des tiges et des rameaux.

Culture. Pleine terre, tout terrain. Multiplication de graines semées en juin.

Rose tremière de la Chine. Plante annuelle, moins élevée que la précédente; fleurs pourpres panachées de blanc.

Culture. Pleine terre. Multiplication de graines sur couche au printemps.

Rose d'Inde. *Tagetes erecta.* Plante annuelle, haute de 65 centimètres ; feuilles ailées à folioles dentées; de juillet en octobre ; fleurs jaune clair ou jaune souci.

Culture. Pleine terre. Multiplication de graines semées au printemps.

Rosiers. On divise les Rosiers en deux catégories : la première se compose des Rosiers qui ne fleurissent qu'une fois par an, la seconde de ceux qui donnent des fleurs pendant toute la végétation, et que l'on nomme Rosiers remontants ou perpétuels. Les Roses cent feuilles, les Mousseuses, la Cuisse de Nymphe, le Pompon de Bourgogne, etc., appartiennent à la première catégorie. Francs de pieds ou greffés, ces Rosiers sont rustiques et viennent dans n'importe quel terrain.

La seconde catégorie se compose des Rosiers du roi, des Quatre-saisons, des Bengale, des Noisette, des Thés ou Rosiers de l'Inde.

Tous peuvent être cultivés en pleine terre. On plante les espèces rustiques en automne, et celles qui craignent la gelée, comme les Thés, au printemps seulement. A l'approche des froids, on empaille la tête de ceux greffés à tige, et l'on butte les francs de pieds, c'est-à-dire que l'on relève la terre autour des touffes; puis on les couvre de feuilles ou de litière s'il survient de fortes gelées. A l'exception de ces soins, la culture des Rosiers n'offre rien de particulier; il suffit de les débarrasser du bois mort, de les tailler en mars plus ou moins court, selon leur vigueur, et pendant leur végétation, de pincer les branches gourmandes qui partent du pied, de même que celles qui se développent sur la tige des espèces greffées.

Rosiers grimpants. Indépendamment des Rosiers nains et à tige, il existe des Rosiers grimpants, tels que le Multiflore, le Banck blanc, le Banck jaune, Félicité perpétue, et plusieurs autres espèces que l'on peut planter pour garnir les murs et les berceaux. Ces Rosiers végètent avec une grande vigueur et produisent un effet admirable.

Salvia fulgens. *Sauge éclatante.* Plante vivace, herbacée, haute de 1 mètre à 1 mètre 30 centimètres; feuilles cordiformes, dentées; tout l'automne, fleurs superbes, en longs épis d'un rouge éclatant.

Salvia patens. *S. à fleurs larges.* Plante vivace à racines tuberculeuses beaucoup moins élevées que la précédente; feuilles oblongues; tout l'été, fleurs d'un beau bleu en long épi terminal.

Culture. Pour voir ces plantes dans toute leur beauté, il faut les mettre en pleine terre dès le mois de mai, et les arroser fréquemment en été; la première exige la serre chaude en hiver, mais on peut conserver les tubercules de la seconde dans de la terre sèche pour les replanter l'année suivante.

Saxifrage de Sibérie. *Saxifraga crassifolia.* Plante vivace, haute de 25 à 30 centimètres; feuilles persistantes, grandes, ovales, d'un vert luisant; en mars et avril, fleurs d'un beau rose, disposées en panicule.

Culture. Pleine terre, tout terrain.

Saxifrage mousse. *Gazon turc. S. hypnoïdes.* Plante vivace formant un gazon serré qui couvre complètement la terre; en mai, fleurs blanches, petites, mais nombreuses.

Culture. Pleine terre, à l'ombre. (Propre aux bordures.)

Scille du Pérou. *Jacinthe du Pérou. Scilla Peruviana.* Plante bulbeuse à feuilles lancéolées. Hampe de 33 centimètres, terminée en mai par un corymbe de fleurs bleues.

Culture. Pleine terre légère avec couverture l'hiver, ou bien en pot sous chassis.

Sedum Sieboldtii. *S de Sieboldt.* Plante vivace, à tiges rampantes, feuilles arrondies d'un vert blanchâtre. Tout l'été, fleur rose en corymbe.

Culture. Pleine terre légère, couverture l'hiver, ou bien en pot que l'on rentre en hiver.

Seneçon des Indes. *Senecio elegans.* Plante annuelle, haute de 30 à 40 centimètres; feuilles pennatifides; de juin en août; fleurs pourpres, violettes ou blanches, disposées en bouquets au sommet des tiges et des rameaux.

Culture. Pleine terre. Multiplication de graines semées sur couche en mars, ou en pleine terre en avril.

Sensitive. *Mimosa pudica.* Plante de serre chaude que l'on cultive comme plante annuelle; feuilles bipennées, tellement irritables qu'elles se rapprochent au plus simple attouchement.

Culture. On sème la Sensitive en février ou mars sur couche, et on repique le plant dans des pots pleins de terreau.

Seringa odorant. *Philadelphus coronarius.* Arbuste de 1 à 2 mètres; feuilles ovales, pointues; en juin et juillet, fleurs blanches, odorantes, en bouquet terminal.

Culture. Pleine terre, tout terrain. On trouve sur les marchés des touffes de Seringa élevées en panier, que l'on peut planter en tout temps.

Silène bipartita. *S. à fleurs roses* Plante annuelle, haute de 20 à 25 centimètres; feuilles spatulées ou lancéolées; tout l'été, fleurs roses nombreuses.

Culture. Pleine terre. Multiplication de graines semées en place au printemps. (Propre aux bordures.)

Siphocampylos bicolor. *S. bicolore.* Plante vivace, haute de 70 centimètre à 1 mètre; feuilles oblongues, lancéolées ; tout l'été, fleurs tubuleuses, rouges en dehors, jaunes en dedans.

Culture. Terre légère; serre tempérée l'hiver, pleine terre en été.

Souci de Trianon. S. de la reine. *Calendula anemonæflora.* Plante annuelle, haute de 30 à 40 centimètres; feuilles ovales oblongues; de juin en septembre, fleurs jaunes, très-doubles.

Culture. Pleine terre. Multiplication de graines semées en place au printemps.

Sparmannia Africana. *S. d'Afrique.* Arbrisseau de 1 à 2 mètres; feuilles grandes, en cœurs aigus. Presque toute l'année, fleurs nombreuses d'un blanc pur en ombelle.

Culture. Terre franche légère, orangerie.

Spirea aruncus. *S. barbe de bouc.* Plante vivace, haute de 65 centimètres à 1 mètre; feuilles tripennées; en juin et juillet, fleurs blanches très-nombreuses, disposées en un grand panicule terminal.

Culture. Pleine terre, légère et fraîche; exposition ombragée.

Spirea ulmifolia. *S. à feuilles d'orme.* Arbuste de 66 centimètres à 1 mètre; feuilles presque semblables à celles de l'orme; en mai, fleurs blanches en grappes cylindriques.

Culture. Pleine terre, tout terrain. On trouve sur les marchés des touffes de Spirea élevées en panier ou en pot, que l'on peut planter en tout temps.

Statice. *Gazon d'Olympe, Staticea armeria.* Plante vivace, formant une belle touffe verte, arrondie; de mai en août, fleurs roses en tête terminale.

Culture. Pleine terre, tout terrain. (Propre aux bordures.)

Statice de Tartarie. *S. Tartarica.* Plante vivace, haute de 30 à 40 centimètres; feuilles lancéolées oblongues, d'un vert blanchâtre; en juin, feuilles petites, nombreuses, d'un rouge assez vif.

Culture. Pleine terre, légère.

Stevia serrata. *Stevie dentée.* Plante vivace, haute de 40 à 50 centimètres; feuilles lancéolées, étroites, dentées en scie; tout l'été et l'automne, fleurs blanches, petites, très-nombreuses, disposées en corymbes à l'extrémité des tiges.

Culture. Pleine terre en été, orangerie en hiver.

Symphoricarpos racemosa *S. à grappes.* Arbuste de 60 à 80 centimètres, à fleurs peu apparentes , mais donnant en automne une grande quantité de fruits d'un beau blanc, de la grosseur d'une cerise.

Culture. Pleine terre, tout terrain. On trouve sur les marchés des Symphoricarpos élevés en pot, que l'on peut planter en tout temps.

Thlaspi vivace. *Iberis semperflorens.* Arbuste toujours vert, formant une touffe très-rameuse; feuilles spatulées, d'un vert foncé; d'octobre en mars, fleurs blanches, en corymbe terminal.

Culture. Pleine terre, douce et substantielle, ou mieux en pot que l'on rentre en hiver.

Thlaspi annuel. *I. umbellata.* Plante annuelle, haute de 30 à 40 centimètres; feuilles lancéolées, entières ou dentées; en juin et juillet, fleurs violettes ou blanches, en corymbe terminal.

Culture. Pleine terre, tout terrain. Multiplication de graines semées en automne ou au printemps.

Thunbergia alata. *T. à pétiole ailé.* Plante vivace grimpante, que l'on cultive comme plante annuelle, feuilles cordiformes. Tout l'été et l'automne, fleurs jaunes ou blanches, à centre pourpre.

Culture. On multiplie le Thunbergia de graines semées sur couche, et on repique les plants en pleine terre ou en pot.

Thuya. Le Thuya est un arbre vert, que l'on peut cultiver en pot ou en caisse, pendant sa jeunesse. Il convient parfaitement pour garnir les murs et faire des palissades On peut le tondre chaque année.

Tillandsia pyramidalis. Plante herbacée, semblable à un petit Ananas. Au printemps, fleurs bleues en épi, à bractée rose-violacé.

Culture. Terre de bruyère, serre chaude en hiver ; mais pendant l'été, on peut facilement conserver cette belle plante dans l'appartement.

Tourette printanière. *Turritis verna.* Plante vivace à tiges rampantes, feuilles oblongues blanchâtres et dentées. En mars et avril, fleurs blanches en bouquet terminal.

Culture. Pleine terre, tout terrain (propre à faire des bordures).

Trachelium cœruleum. *T. bleu.* Plante bisannuelle haute de 35 centimètres, feuilles radicales, ovales. En juillet et août, fleurs petites, tubulées, bleu-violacé, disposées en corymbe.

Culture. Pleine terre en été, orangerie en hiver.

Tubéreuse des jardins. *Polyanthes tuberosa.* Plante bulbeuse à feuilles longues très-étroites. De juillet et septembre, fleurs blanches très-odorantes, disposées en épi.

Culture. On plante les Tubéreuses en mars, dans des pots que l'on enfonce sur couche.

Tulipe des fleuristes. *Tulipa Gesneria.* Plante

bulbeuse, à feuilles ovales, lancéolées. En avril, hampe plus ou moins élévée, terminée par une fleur droite, de différentes couleurs.

Culture. On plante les Tulipes vers la fin d'octobre ou au commencement de novembre, en pleine terre, à environ 8 centimètres de profondeur et on relève les ognons vers la fin de juin, lorsque les feuilles sont sèches.

Tulipe odorante. *T. duc de Thol., T. suaveolens.* Beaucoup plus petite que la précédente, mais plus hâtive. On la cultive en pot comme les Jacinthes.

Valeriane rouge. *V. rubra.* Plante vivace, haute de 1 mètre, feuilles lancéolées, pointues, d'un vert glauque. De juin en octobre, fleurs rouges ou blanches, en panicule terminal.

Culture. Pleine terre, tout terrain.

Verge d'or du Canada. *Colidago canadensis.* Plante vivace, haute de 65 centimètres, feuilles lancéolées, dentées en scie. De juillet en septembre, fleurs jaunes, en panicule.

Culture. Pleine terre, tout terrain.

Véronique à épis. *Veronica spicata.* Plante vivace, haute de 40 à 50 centimètres, feuilles ovales, dentées en scie. En juin, fleurs bleues ou roses, en épis.

Culture. Pleine terre, tout terrain.

Véronique remarquable. *V. speciosa.* Plante ligneuse, à feuilles spatulées. Tout l'automne, fleurs bleu-violacé, en épis.

Culture. Terre de bruyère, serre tempérée.

Véronique de Lindley. *V. lindleyana.* Arbuste touffu, à feuilles lancéolées. Presque toute l'année, fleurs blanches, en épis.

Culture. Pleine terre en été, orangerie en hiver.

Verveines. Plantes herbacées, formant de larges touffes, feuilles oblongues, incisées. Tout l'été et l'automne, fleurs rouges, roses, blanches ou bleues, en épis axillaires ou terminaux.

Culture. Pour jouir de toute la beauté des fleurs de Verveines, il faut les mettre en pleine terre en avril et mai, ou dans de grands pots. Lorsqu'on veut les conserver plusieurs années, on les taille en automne, et on les rentre en hiver.

On multiplie ces charmantes petites plantes, de graines semées au printemps, ou de boutures, en septembre et octobre.

Vigne vierge. *Cessus quinquefolia*. Plante grimpantes à feuilles palmées, à folioles lancéolés profondément dentés. En automne, fleurs verdâtres.

Culture. Pleine terre, tout terrain (propre à garnir les murs et les berceaux).

Violette des quatre saisons. *Viola odorata*. Plante vivace peu élevée, à feuilles cordiformes, dentées. De septembre en février, fleurs bleues, odorantes. Variété à fleurs doubles.

Culture. Pleine terre, tout terrain (propre à faire des bordures).

Volubilis ipomé pourpre. *Convolvulus purpureus*. Plante grimpante annuelle, feuilles cordiformes. Tout l'été et l'automne, fleurs grandes, blanches, bleues, pourpres ou panachées.

Culture. Pleine terre, tout terrain, multiplication de graines semées en place, en avril et mai.

Zinnia élégans. *Z. élegants*. Plante annuelle, haute de 50 à 60 centimètres, feuilles cordiformes, crénelées: Tout l'été et l'automne, fleurs grandes de toutes les couleurs.

Culture. Pleine terre, tout terrain, multiplication de graines semées sur couche, en mars, ou en pleine terre, en avril.

PARIS. — IMPRIMERIE DE J.-B. GROS, RUE DU FOIN SAINT-JACQUES, 18.

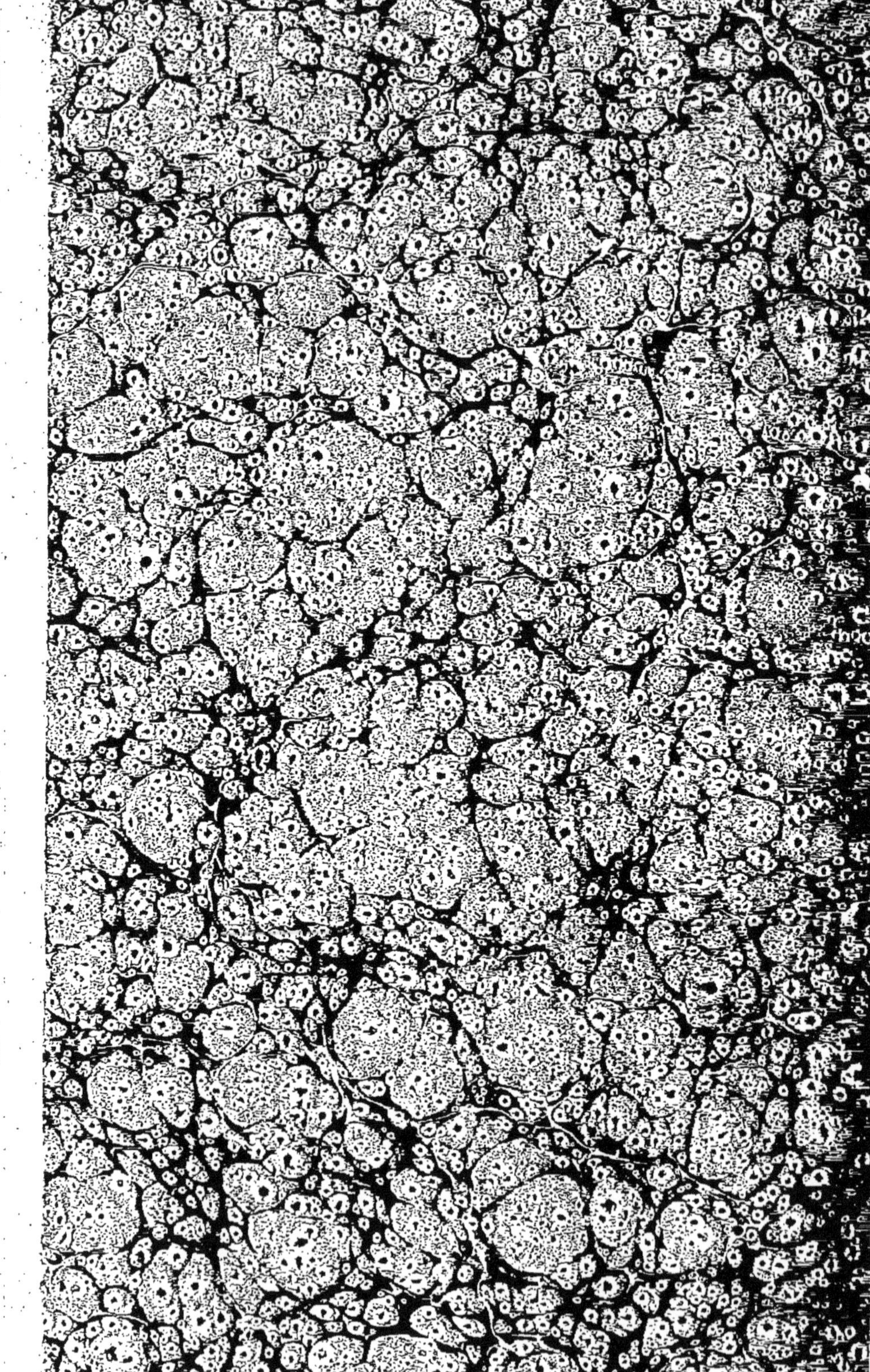

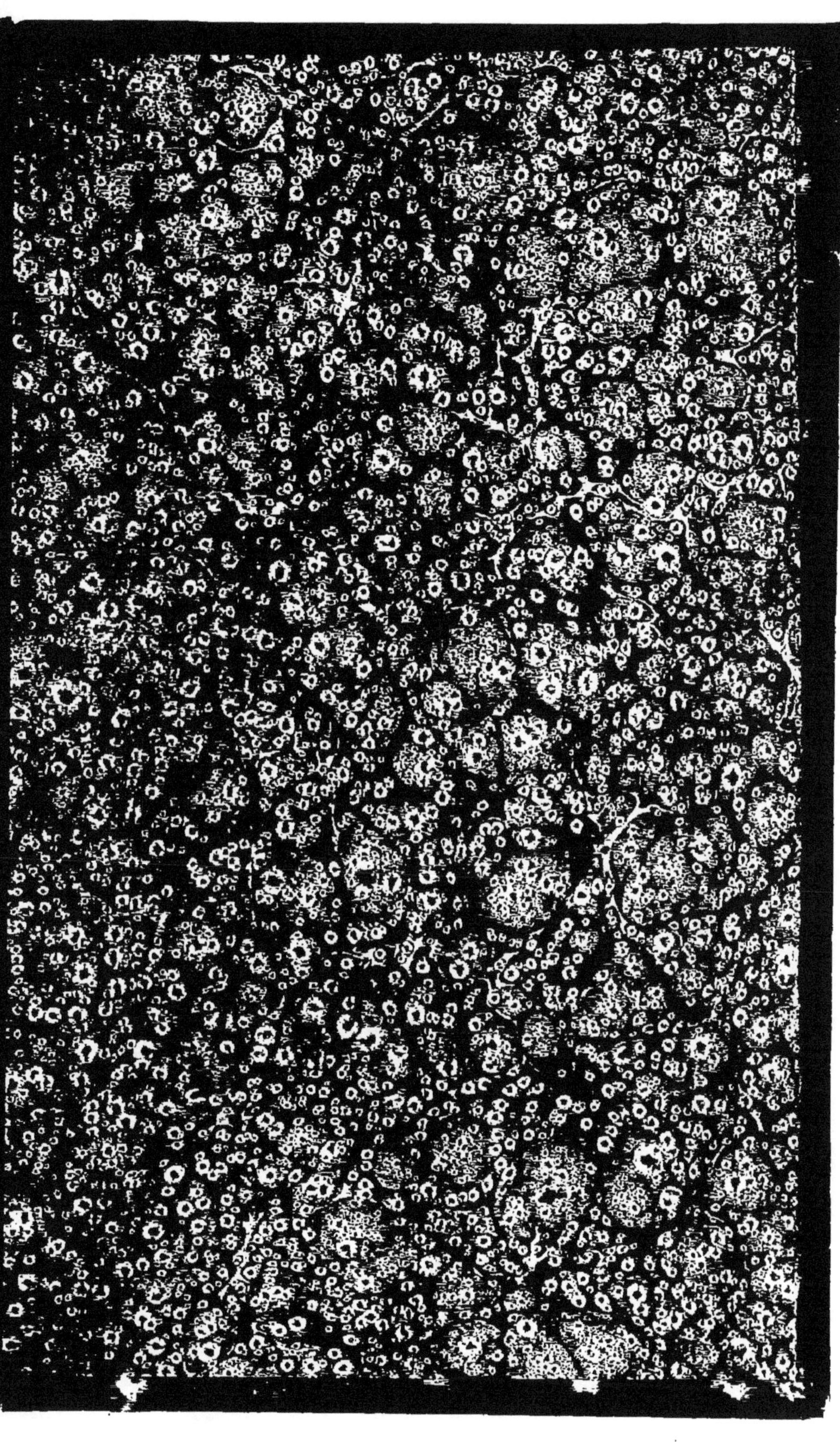

BIBLIOTHEQUE NATIONALE DE FRANCE
3 7531 01963017 8

www.ingramcontent.com/pod-product-compliance
Ingram Content Group UK Ltd.
Pitfield, Milton Keynes, MK11 3LW, UK
UKHW012216240726
13966UKWH00003B/799